KB018618

# 딱정벌레

## 나들이도감

세밀화로 그린 보리 산들바다 도감

**딱정벌레 나들이도감 2**

**그림** 옥영관
**감수** 강태화
**글** 강태화, 김종현

**편집** 김종현
**자료 정리** 정진이
**기획실** 김소영, 김수연, 김용란
**디자인** 이안디자인
**제작** 심준엽
**영업** 안명선, 양병희, 원숙영, 정영지, 조현정
**새사업팀** 조서연
**경영 지원** 신종호, 임혜정, 한선희
**분해와 출력·인쇄** (주)로얄프로세스
**제본** (주)상지사 P&B

**1판 1쇄 펴낸 날** 2021년 4월 15일
**펴낸이** 유문숙
**펴낸 곳** (주) 도서출판 보리
**출판등록** 1991년 8월 6일 제 9-279호
**주소** (10881) 경기도 파주시 직지길 492
**전화** (031)955-3535 / **전송** (031)950-9501
**누리집** www.boribook.com **전자우편** bori@boribook.com


값 12,000원

보리는 나무 한 그루를 베어 낼 가치가 있는지 생각하며 책을 만듭니다.

ISBN 979-11-6314-190-7 06470 978-89-8428-890-4 (세트)

세밀화로 그린 보리 산들바다 도감

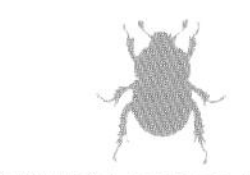

소똥구리와 꽃무지 외 193종

# 딱정벌레 나들이도감

그림 옥영관 | 감수 강태화 | 글 강태화, 김종현

송장풍뎅이과
금풍뎅이과
소똥구리과
똥풍뎅이과
붙이금풍뎅이과
검정풍뎅이과
장수풍뎅이과
풍뎅이과
꽃무지과
여울벌레과
물삿갓벌레과
진흙벌레과
비단벌레과
방아벌레과
홍반디과
반딧불이과
병대벌레과
수시렁이과
빗살수염벌레과
표본벌레과
쌀도적과
개미붙이과
의병벌레과

보리

## 일러두기

1. 이 책에는 우리나라에 사는 딱정벌레 193종이 실려 있습니다. 그림은 성신여대 자연사 박물관에 소장되어 있는 표본과 저자와 감수자가 가지고 있는 표본, 구입한 표본을 보고 그렸습니다. 딱정벌레 가운데 암컷과 수컷 생김새가 다르거나 색깔 변이가 있는 종은 가능한 모두 그렸습니다.
2. 딱정벌레는 분류 차례대로 실었습니다. 딱정벌레 이름과 학명, 분류는 저자 의견과 《한국 곤충 총 목록》(자연과 생태, 2010)을 따랐습니다.
3. 1부에는 딱정벌레 종 하나하나에 대한 생태와 생김새를 설명해 놓았습니다. 2부에는 딱정벌레에 대해 알아야 할 내용을 따로 정리해 놓았습니다.
4. 맞춤법과 띄어쓰기는 국립 국어원 누리집에 있는 《표준국어대사전》을 따랐습니다. 하지만 과 이름에는 사이시옷을 적용하지 않았고, 전문용어는 띄어쓰기를 하지 않았습니다.

   **예.** 멸종위기종, 종아리마디, 앞가슴등판

5. 몸길이는 머리부터 꽁무니까지 잰 길이입니다.

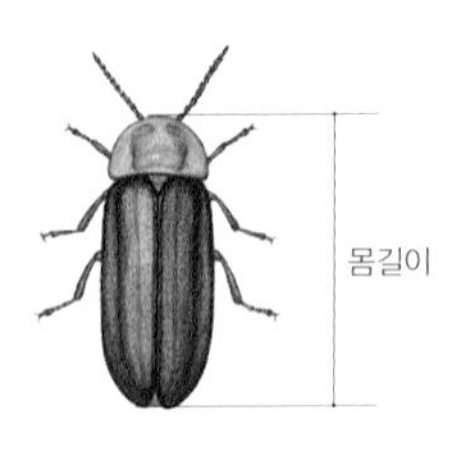


늦반딧불이

## 6. 본문 보기

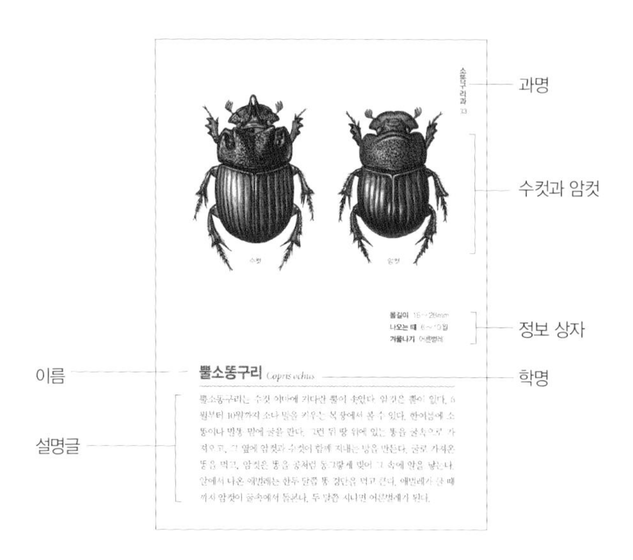
소똥구리과
33
과명
수컷과 암컷
수컷
암컷
몸길이 15~28mm
나오는 때 6~10월
겨울나기 어른벌레
정보 상자
이름
뿔소똥구리 Copris ochus
학명
설명글
뿔소똥구리는 수컷 이마에 기다란 뿔이 솟았다. 암컷은 뿔이 없다. 6월부터 10월까지 소나 말을 키우는 목장에서 볼 수 있다. 한여름에 소똥이나 말똥 밑에 굴을 판다. 그런 뒤 땅 위에 있는 똥을 굴속으로 가져오고, 그 옆에 암컷과 수컷이 함께 지내는 방을 만든다. 굴로 가져온 똥을 먹고, 암컷은 똥을 공처럼 동그랗게 빚어 그 속에 알을 낳는다. 알에서 나온 애벌레는 한두 달쯤 똥 경단을 먹고 큰다. 애벌레가 클 때까지 암컷이 굴속에서 돌본다. 두 달쯤 지나면 어른벌레가 된다.

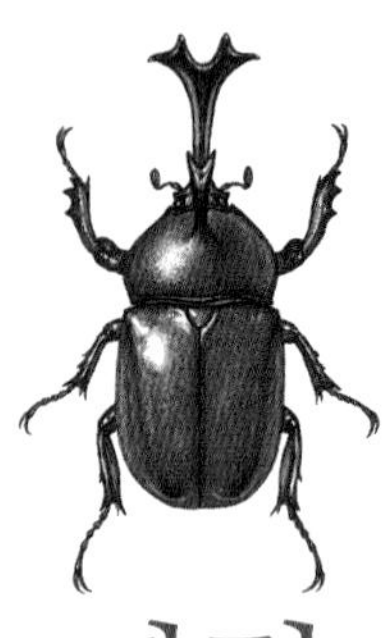

# 딱정벌레 나들이도감

2

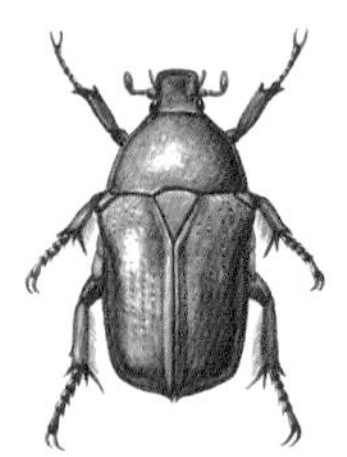

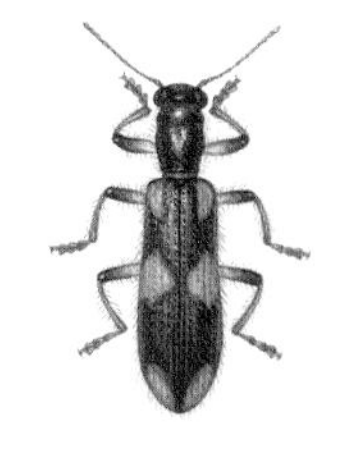

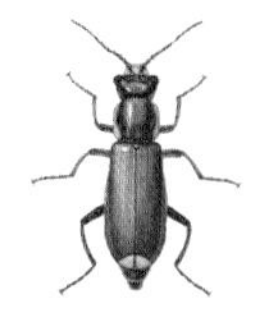

# 그림으로 찾아보기

## 송장풍뎅이과

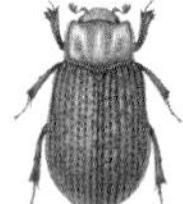

송장풍뎅이 26

## 금풍뎅이과

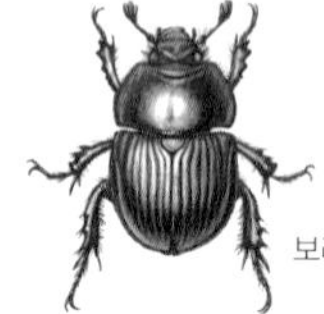
보라금풍뎅이 27

무늬금풍뎅이 28

참금풍뎅이 29

## 소똥구리과

왕소똥구리 30

소똥구리 31

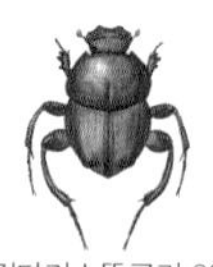
긴다리소똥구리 32

뿔소똥구리 33

애기뿔소똥구리 34

창뿔소똥구리 35

작은꼬마소똥구리 36

은색꼬마소똥구리 37

흑무늬노랑꼬마소똥구리 38

외뿔애기꼬마소똥구리 39

검정혹가슴소똥풍뎅이 40

황소뿔소똥풍뎅이 41

모가슴소똥풍뎅이 42

점박이외뿔소똥풍뎅이 43

황해도소똥풍뎅이 44

소요산소똥풍뎅이 45

렌지소똥풍뎅이 46

꼬마외뿔소똥풍뎅이 47

꼬마곰보소똥풍뎅이 48

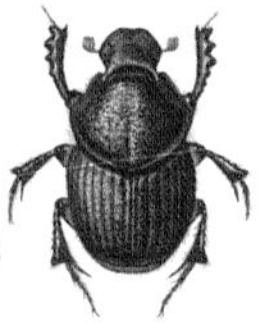
검정뿔소똥풍뎅이 49

노랑무늬소똥풍뎅이 50

혹날개소똥풍뎅이 51

변색날개소똥풍뎅이 52

갈색혹가슴소똥풍뎅이 53

## 똥풍뎅이과

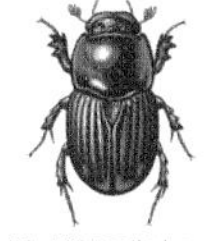
뚱보똥풍뎅이 54

발발이똥풍뎅이 55

희귀한똥풍뎅이 56

큰점박이똥풍뎅이 57

꼬마뚱보똥풍뎅이 58

매끈한똥풍뎅이 59

왕좀똥풍뎅이 60

고려똥풍뎅이 61

왕똥풍뎅이 62

꼬마똥풍뎅이 63

산똥풍뎅이 64

똥풍뎅이 65

줄똥풍뎅이 66

넉점박이똥풍뎅이 67

애노랑똥풍뎅이 68

엷은똥풍뎅이 69

어깨뿔똥풍뎅이 70

유니폼똥풍뎅이 71

띄똥풍뎅이 72

먹무늬똥풍뎅이 73

곤봉털모래풍뎅이 74

## 붙이금풍뎅이과

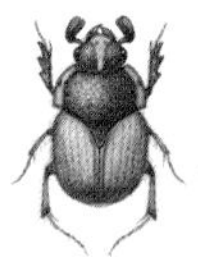
극동붙이금풍뎅이 75

## 검정풍뎅이과

### 긴다리풍뎅이아과

주황긴다리풍뎅이 76

점박이긴다리풍뎅이 77

### 검정풍뎅이아과

감자풍뎅이 78

활더맨홍다색풍뎅이 79

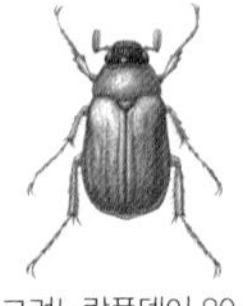
고려노랑풍뎅이 80

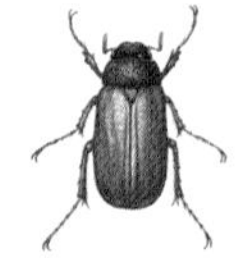
하이덴갈색줄풍뎅이 81

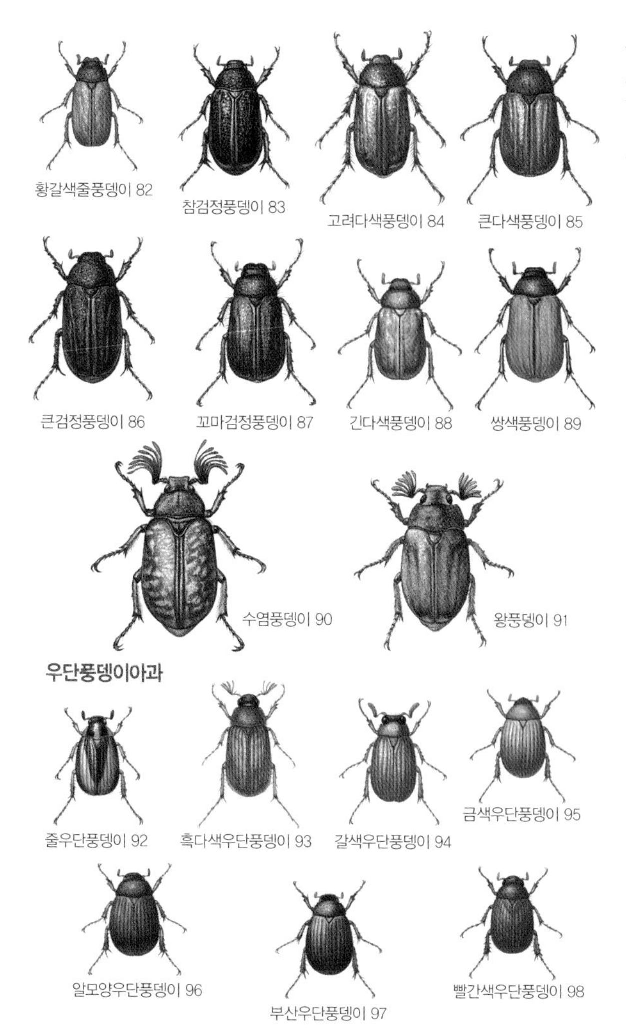
황갈색줄풍뎅이 82
참검정풍뎅이 83
고려다색풍뎅이 84
큰다색풍뎅이 85
큰검정풍뎅이 86
꼬마검정풍뎅이 87
긴다색풍뎅이 88
쌍색풍뎅이 89
수염풍뎅이 90
왕풍뎅이 91
우단풍뎅이아과
줄우단풍뎅이 92
흑다색우단풍뎅이 93
갈색우단풍뎅이 94
금색우단풍뎅이 95
알모양우단풍뎅이 96
부산우단풍뎅이 97
빨간색우단풍뎅이 98

## 장수풍뎅이과

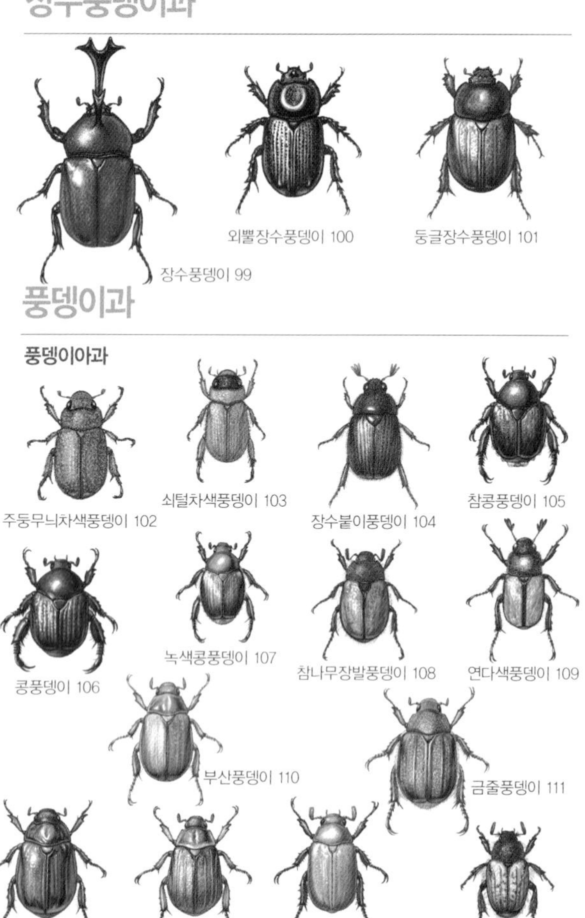


## 풍뎅이과

### 풍뎅이아과

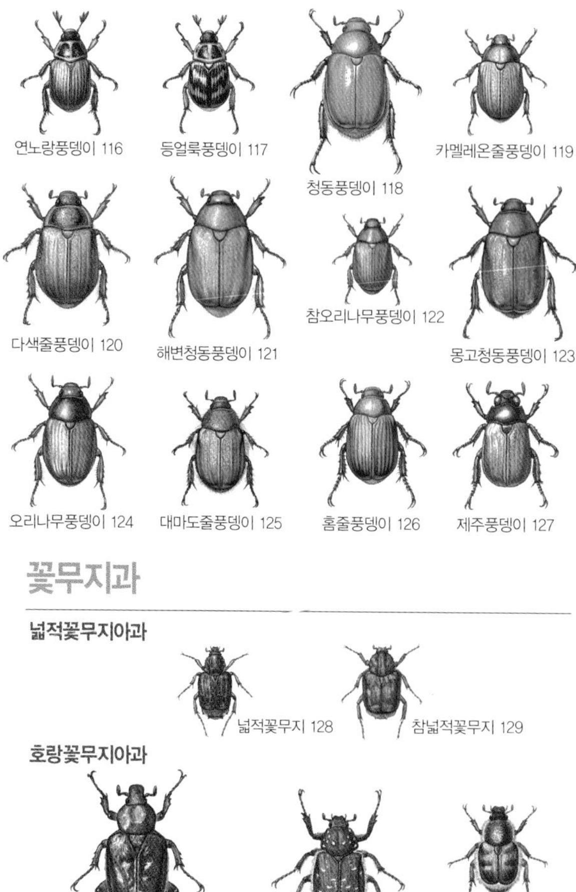

연노랑풍뎅이 116
등얼룩풍뎅이 117
청동풍뎅이 118
카멜레온줄풍뎅이 119
다색줄풍뎅이 120
해변청동풍뎅이 121
참오리나무풍뎅이 122
몽고청동풍뎅이 123
오리나무풍뎅이 124
대마도줄풍뎅이 125
홈줄풍뎅이 126
제주풍뎅이 127

# 꽃무지과

## 넓적꽃무지아과

넓적꽃무지 128
참넓적꽃무지 129

## 호랑꽃무지아과

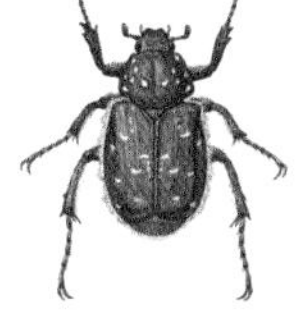

큰자색호랑꽃무지 130
긴다리호랑꽃무지 131
호랑꽃무지 132

### 꽃무지아과

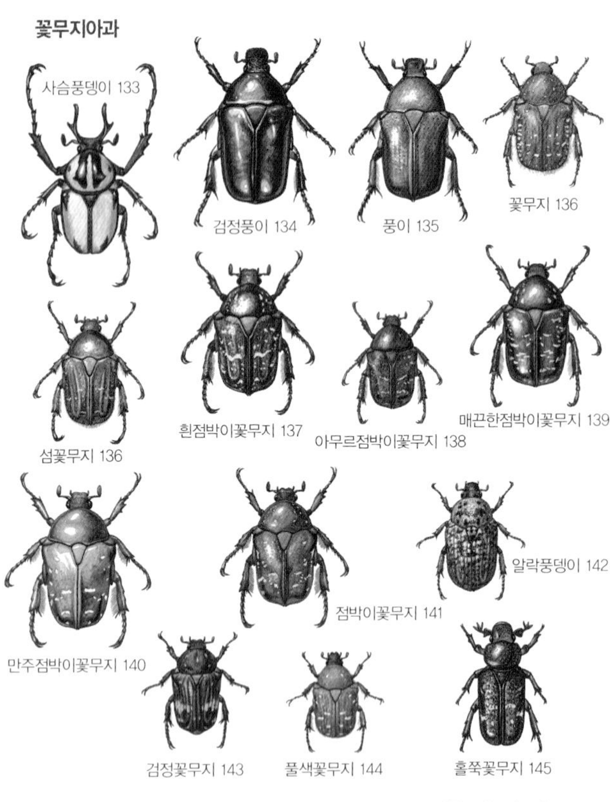


## 여울벌레과

### 여울벌레아과

긴다리여울벌레 146

## 물삿갓벌레과

### 물삿갓벌레아과

물삿갓벌레 147

## 진흙벌레과

알락진흙벌레 148

# 비단벌레과

### 노랑무늬비단벌레아과

노랑무늬비단벌레 149

### 비단벌레아과

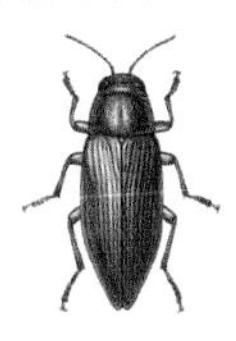

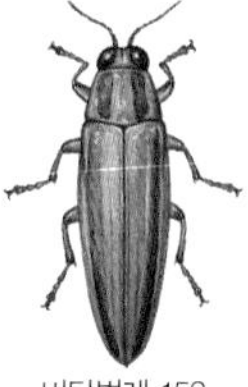

고려비단벌레 150 소나무비단벌레 151 비단벌레 152 금테비단벌레 153

### 넓적비단벌레아과

아무르넓적비단벌레 154 배나무육점박이비단벌레 155

### 호리비단벌레아과

버드나무좀비단벌레 160

황녹색호리비단벌레 156

서울호리비단벌레 158

모무늬호리비단벌레 157

흰점호리비단벌레 159

# 방아벌레과

### 왕빗살방아벌레아과

왕빗살방아벌레 161

## 땅방아벌레아과

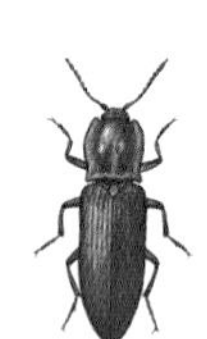

대유동방아벌레 162

녹슬은방아벌레 163

황토색방아벌레 164

가는꽃녹슬은방아벌레 165

애녹슬은방아벌레 166

알락방아벌레 167

모래밭방아벌레 168

맵시방아벌레 169

루이스방아벌레 170

꼬마방아벌레 171

## 주홍방아벌레아과

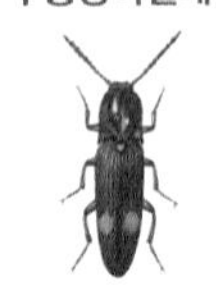

크라아츠방아벌레 172

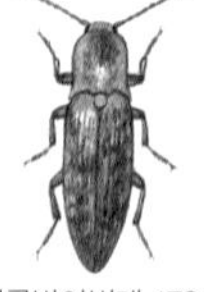

얼룩방아벌레 173

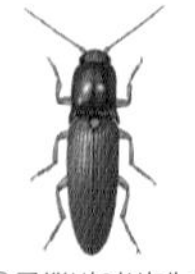

붉은큰뿔방아벌레 174

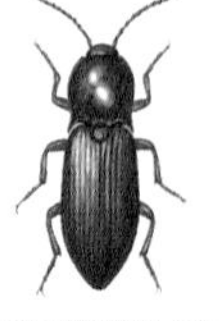

청동방아벌레 175

## 방아벌레아과

길쭉방아벌레 176

검정테광방아벌레 177

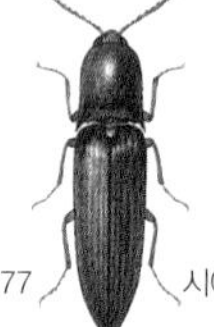

시이볼드방아벌레 178

누런방아벌레 179

오팔색방아벌레 180

진홍색방아벌레 181

### 빗살방아벌레아과

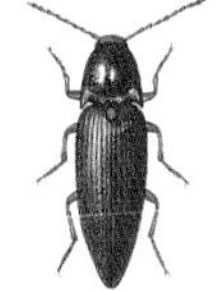
빗살방아벌레 182

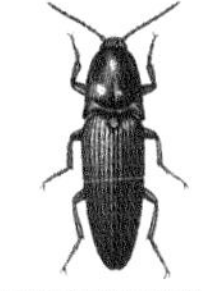
검정빗살방아벌레 183

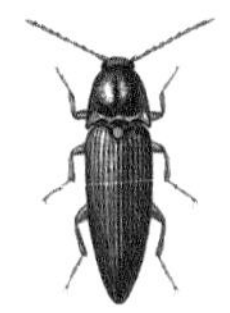
붉은다리빗살방아벌레 184

## 홍반디과

### 홍반디아과

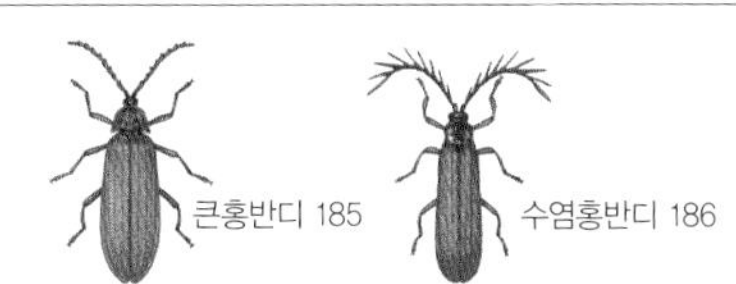
큰홍반디 185
수염홍반디 186

### 고려홍반디아과

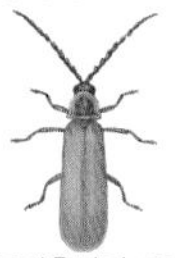
고려홍반디 187

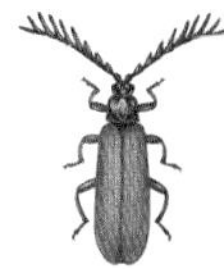
굵은뿔홍반디 188

### 별홍반디아과

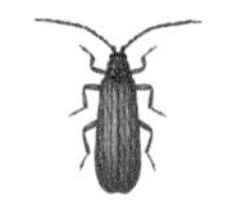
거무티티홍반디 189

## 반딧불이과

### 애반딧불이아과

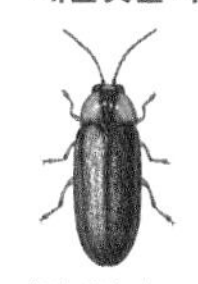
애반딧불이 190

운문산반딧불이 191

### 반딧불이아과

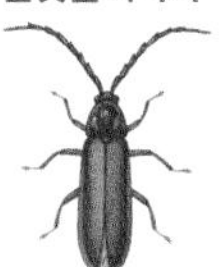
꽃반딧불이 192

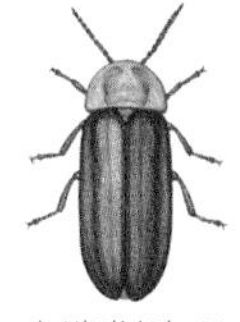
늦반딧불이 193

# 병대벌레과

## 병대벌레아과

노랑줄어리병대벌레 194

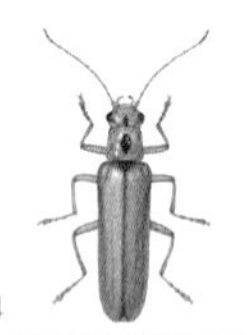
회황색병대벌레 195

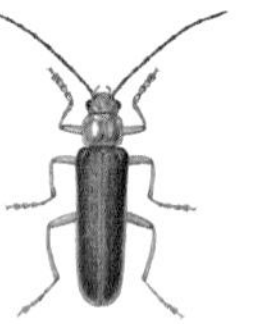
서울병대벌레 196

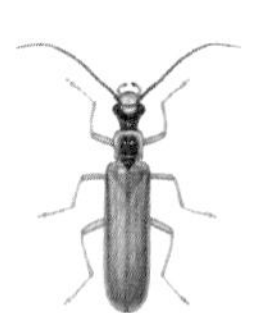
등점목가는병대벌레 197

노랑테병대벌레 198

우리산병대벌레 199

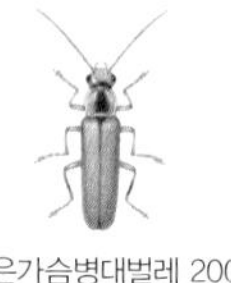
붉은가슴병대벌레 200

## 밑빠진병대벌레아과

밑빠진병대벌레 201

# 수시렁이과

## 수시렁이아과

암검은수시렁이 202

홍띠수시렁이 203

## 곡식수시렁이아과

굵은뿔수시렁이 204

## 알락수시렁이아과

사마귀수시렁이 205

애알락수시렁이 206

# 빗살수염벌레과

## 권연벌레아과

권연벌레 207

# 표본벌레과

## 진표본벌레아과

동굴표본벌레 208

## 표본벌레아과

길쭉표본벌레 209

# 쌀도적과

## 쌀도적아과

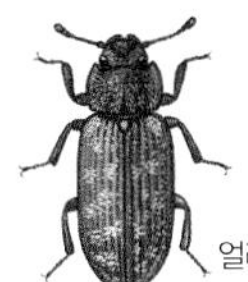

얼러지쌀도적 210

쌀도적 211

# 개미붙이과

## 개미붙이아과

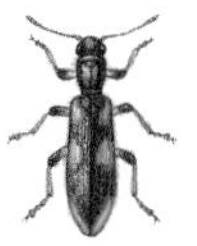

얼룩이개미붙이 212

긴개미붙이 213

개미붙이 214

가슴빨간개미붙이 215

불개미붙이 216

# 의병벌레과

## 무늬의병벌레아과

노랑무늬의병벌레 217

# 우리 땅에 사는 딱정벌레

송장풍뎅이과
금풍뎅이과
소똥구리과
똥풍뎅이과
붙이금풍뎅이과
검정풍뎅이과
장수풍뎅이과
풍뎅이과
꽃무지과
여울벌레과
물삿갓벌레과
진흙벌레과
비단벌레과
방아벌레과
홍반디과
반딧불이과
병대벌레과

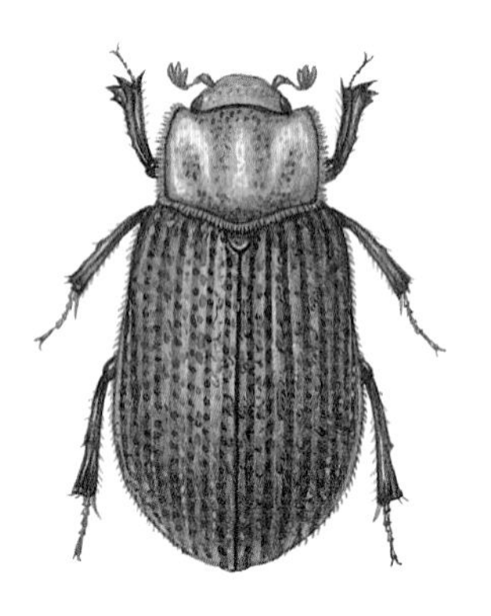

**몸길이** 7～11mm
**나오는 때** 6～7월
**겨울나기** 모름

## 송장풍뎅이 *Trox setifer*

송장풍뎅이는 온몸이 까맣고 넓다. 머리방패 앞 가장자리가 반원꼴로 앞으로 나왔다. 앞가슴등판 양옆이 나란하다. 딱지날개에는 돌기가 돋아 세로로 줄지어 있다. 중부와 남부 지방, 제주도에서 보인다. 동물 주검 밑 땅속에 알을 낳는다. 애벌레로 4주를 살고, 번데기가 되어 3주쯤 지나면 어른벌레가 된다. 송장풍뎅이과는 우리나라에 10종이 산다. 송장풍뎅이과 무리는 썩은 고기나 새 깃털, 짐승 털, 죽은 동물 뼈 따위를 갉아 먹는다.

**몸길이** 16~22mm
**나오는 때** 4~9월
**겨울나기** 어른벌레

# 보라금풍뎅이 *Phelotrupes auratus*

보라금풍뎅이는 이름처럼 온몸이 푸르스름한 보랏빛을 띠는데 빛에 따라 여러 빛깔이 난다. 딱지날개에는 깊게 파인 세로줄이 있다. 수컷은 앞다리 종아리마디에 긴 돌기가 3~4개, 암컷은 1개 있다. 높은 산부터 들판에 산다. 낮에 소나 말, 양이나 여러 가지 짐승 똥에 날아와 똥을 먹는다. 사람 똥에도 날아온다. 똥 밑에 굴을 파고 똥으로 채운 뒤 알을 낳고 흙으로 덮는다. 알에서 나온 애벌레는 똥을 먹고 산다. 8~9월에 어른벌레가 되어 겨울을 나고 이듬해 봄에 나온다.

**몸길이** 9～14mm
**나오는 때** 6～8월
**겨울나기** 모름

## 무늬금풍뎅이 *Bolbocerosoma zonatum*

무늬금풍뎅이는 몸빛이 누런데 까만 무늬가 머리와 앞가슴등판, 딱지날개 끄트머리에 나 있다. 배와 다리에는 긴 누런 털이 잔뜩 나 있다. 겹눈은 위아래로 나뉘었다.

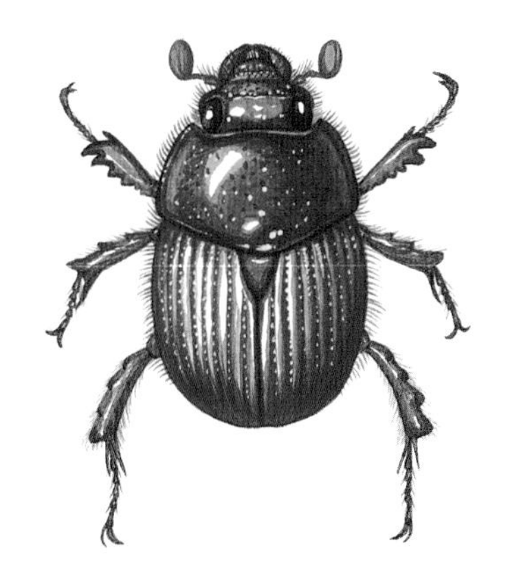

**몸길이** 9～13mm
**나오는 때** 6～8월
**겨울나기** 어른벌레

## 참금풍뎅이 *Bolbelasmus coreanus*

참금풍뎅이는 온몸이 붉은 밤색이나 검은 밤색이다. 배와 다리에는 긴 누런 털이 잔뜩 나 있다. 무늬금풍뎅이와 달리 겹눈이 나뉘지 않았다. 딱지날개에는 세로줄이 7줄씩 나 있다. 온 나라 산이나 들 풀밭에서 산다. 6~8월에 나와 여러 가지 동물 똥에 꼬인다. 똥 둘레 땅속으로 들어가 똥을 먹는다. 밤에 불빛을 보고 날아오기도 한다.

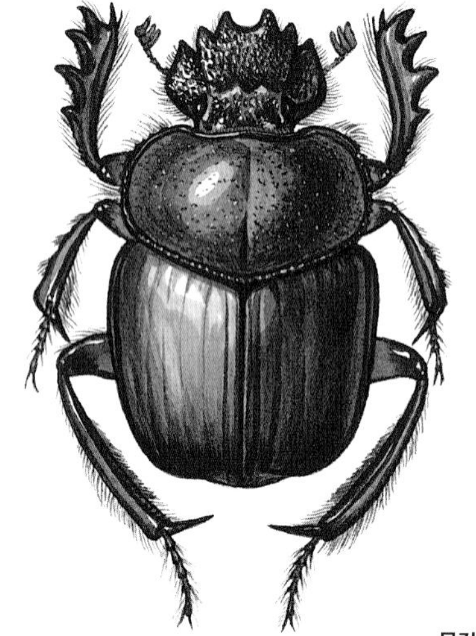

**몸길이** 22 ~ 25mm
**나오는 때** 5 ~ 10월
**겨울나기** 모름

## 왕소똥구리 *Scarabaeus typhon*

왕소똥구리는 이름처럼 몸집이 크다. 머리방패가 부채처럼 앞으로 펼쳐지고 톱날처럼 돌기가 6개 나 있다. 딱지날개 어깨 아래쪽 테두리가 파이지 않았다. 암수 모두 앞다리 발목마디가 없다. 서해안 바닷가 풀밭이나 모래밭에서 살았지만 지금은 거의 사라졌다. 소똥을 동그랗게 공처럼 빚어 땅에 파 놓은 굴로 굴려 간다. 모래 속에 10 ~ 20cm 깊이로 굴을 판다. 굴속에서 똥을 먹고 알을 하나 낳는다. 알에서 나온 애벌레는 똥을 먹고 큰다.

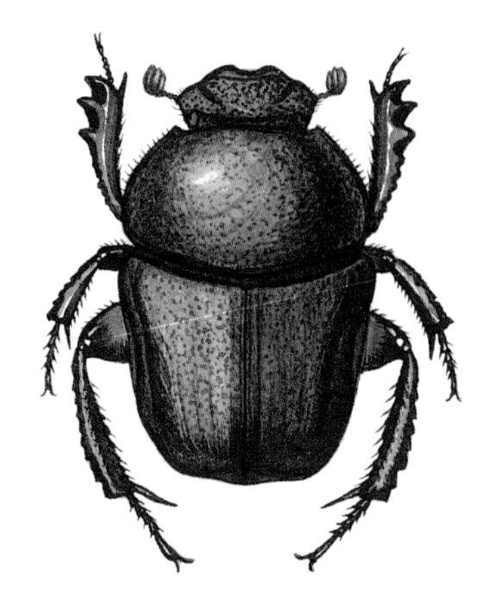

**몸길이** 7～16mm
**나오는 때** 6월쯤
**겨울나기** 모름

## 소똥구리 *Gymnopleurus mopsus*

소똥구리는 머리방패 앞쪽이 왕소똥구리와 달리 톱날처럼 파이지 않고 가운데만 겨우 파였다. 딱지날개 어깨 아래쪽 테두리가 왕소똥구리와 달리 깊게 파였고, 앞다리에 발목마디가 있다. 옛날에는 우리나라에 많이 살았는데, 1967년 뒤로는 아예 사라져 더 이상 어디에도 안 보인다. 소와 말에게 사료를 먹이면서 사라졌다. 어른벌레는 늦봄부터 가을까지 나와 돌아다녔다고 한다. 소똥이나 말똥을 동그랗게 빚어 굴로 굴려 갔다.

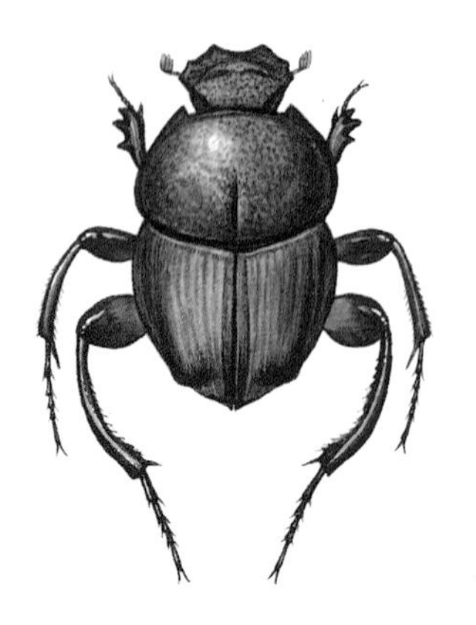

**몸길이** 10mm 안팎
**나오는 때** 4~9월
**겨울나기** 어른벌레

## 긴다리소똥구리 *Sisyphus schaefferi*

긴다리소똥구리는 이름처럼 뒷다리가 아주 길다. 또 소똥을 굴리는 소똥구리 가운데 몸집이 가장 작다. 산에 사는 동물 똥에 온다. 소똥구리처럼 낮에 나와 암컷과 수컷이 함께 똥을 공처럼 동그랗게 빚어 서로 밀고 당기며 굴린다. 똥을 굴려 알맞은 곳에 오면 암컷이 앞다리로 땅을 파헤쳐 굴을 판다. 그리고 그 속에 똥을 넣은 뒤 알을 낳는다. 이렇게 몇 번을 소똥을 굴려 알을 낳는다. 알에서 나온 애벌레는 소똥을 먹고 큰다. 강원도 몇몇 곳에서 아주 드물게 볼 수 있다.

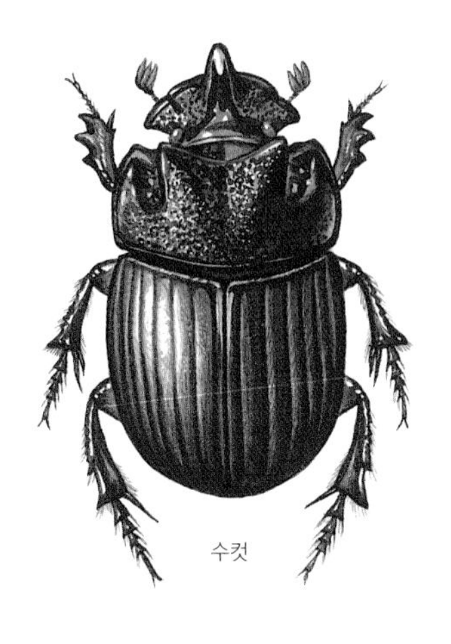

수컷

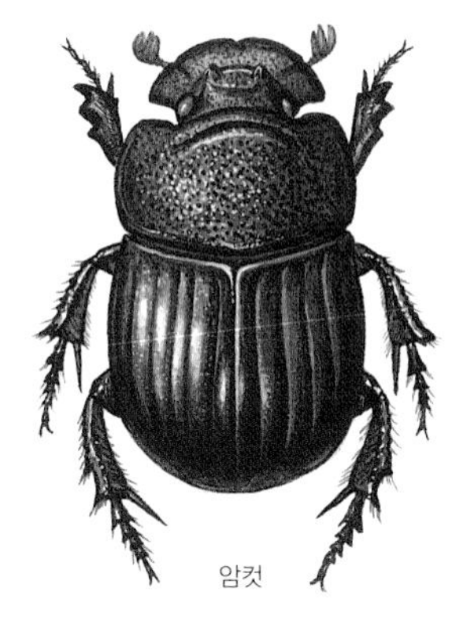

암컷

**몸길이** 18～28mm
**나오는 때** 6～10월
**겨울나기** 어른벌레

## 뿔소똥구리 *Copris ochus*

뿔소똥구리는 수컷 이마에 기다란 뿔이 솟았다. 암컷은 뿔이 없다. 6월부터 10월까지 소나 말을 키우는 목장에서 볼 수 있다. 한여름에 소똥이나 말똥 밑에 굴을 판다. 그런 뒤 땅 위에 있는 똥을 굴속으로 가져오고, 그 옆에 암컷과 수컷이 함께 지내는 방을 만든다. 굴로 가져온 똥을 먹고, 암컷은 똥을 공처럼 동그랗게 빚어 그 속에 알을 낳는다. 알에서 나온 애벌레는 한두 달쯤 똥 경단을 먹고 큰다. 애벌레가 클 때까지 암컷이 굴속에서 돌본다. 두 달쯤 지나면 어른벌레가 된다.

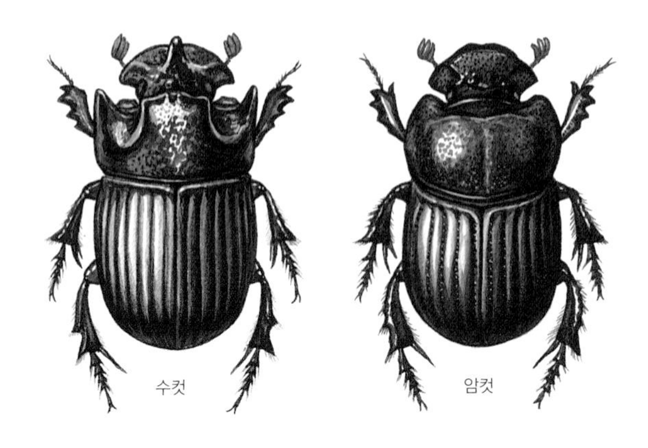


**몸길이** 13～19mm
**나오는 때** 4～6월
**겨울나기** 어른벌레

## 애기뿔소똥구리 *Copris tripartitus*

애기뿔소똥구리는 뿔소똥구리보다 몸집과 뿔이 더 작다. 앞가슴등판에도 작은 뿔이 여러 개 솟았다. 뿔소똥구리는 6월이 지나면 돌아다니는데, 애기뿔소똥구리는 6월 전에 나온다. 섬에서 많이 보인다. 짝짓기를 마친 수컷이 똥 밑에 굴을 판다. 수컷이 똥을 가져오면 암컷은 이 똥을 더 잘게 나눠 한쪽을 우묵하게 판 뒤 알을 낳는다. 애벌레는 두 번 허물을 벗고 종령 애벌레가 된다. 알을 낳은 지 두 달쯤 지나면 어른벌레가 된다. 어른벌레가 될 때까지 암컷이 애벌레를 돌본다.

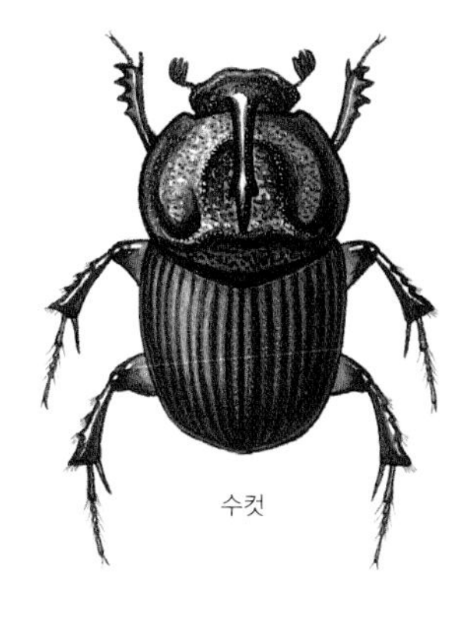
수컷

암컷

**몸길이** 7～10mm
**나오는 때** 6～10월
**겨울나기** 어른벌레

## 창뿔소똥구리 *Liatongus phanaeoides*

창뿔소똥구리는 이름처럼 수컷 머리에 뿔이 돋았는데, 가슴 쪽으로 길게 휘어 뻗는다. 몸집이 작으면 뿔도 짧다. 암컷은 뿔이 없다. 소나 말을 키우는 목장에서 6~7월에 가장 많이 볼 수 있다. 중부 지방 산에서 많이 보이지만 남해 섬에서도 산다. 똥 밑에 굴을 파 집을 만들고 똥을 먹고 경단을 만들어 알을 낳는다. 어른벌레로 겨울을 난다.

**몸길이** 5mm 안팎
**나오는 때** 4~8월
**겨울나기** 모름

## 작은꼬마소똥구리 *Caccobius brevis*

작은꼬마소똥구리는 온몸이 까맣고 작은 공처럼 생겼다. 수컷은 이마 앞쪽이 휘어진 뿔처럼 솟았다. 앞가슴등판 앞쪽이 높은데, 수컷은 가파르게 경사가 진다. 소똥에 많이 꼬이고 사람 똥이나 개똥, 염소 똥에도 모인다.

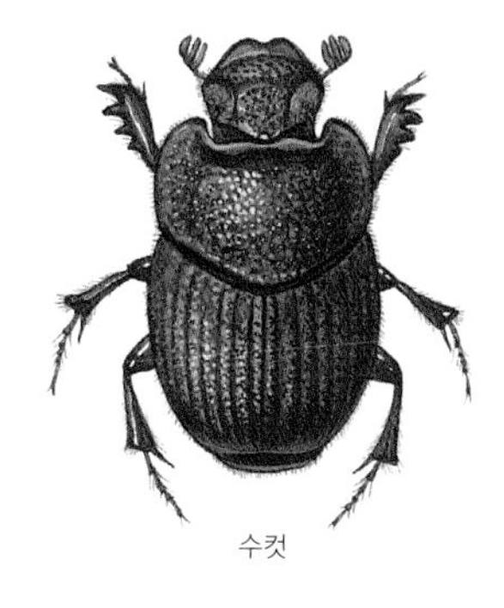
수컷

암컷

**몸길이** 5～7mm
**나오는 때** 4～8월
**겨울나기** 모름

## 은색꼬마소똥구리 *Caccobius christophi*

은색꼬마소똥구리는 몸이 작은 공처럼 생겼다. 온몸에는 검은색이나 은회색 가루로 덮였다. 딱지날개 앞과 끝에 빨간 점무늬가 있다. 머리 뒤쪽은 우뚝 솟았다. 앞다리 종아리마디에는 가시돌기가 3개 있고, 가운뎃다리와 뒷다리 종아리마디 끝부분이 넓게 늘어났다. 태백산맥을 중심으로 높은 산에서 볼 수 있다. 소똥에 많이 꼬인다.

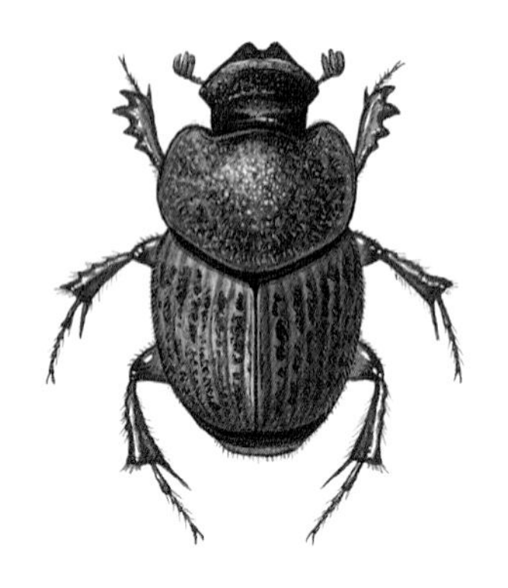

**몸길이** 5～7mm
**나오는 때** 6～8월
**겨울나기** 모름

## 흑무늬노랑꼬마소똥구리 *Caccobius sordidus*

흑무늬노랑꼬마소똥구리는 온몸이 지저분한 누런 밤색이고 작고 까만 무늬가 여기저기 흩어져 있다. 온몸에는 누런 털이 나 있다. 머리방패와 종아리마디 아래로는 붉은 밤색이다. 머리는 넓은 삼각형이고, 머리방패 앞쪽 가운데가 깊게 파였다. 산에서 보인다. 소똥이나 사람 똥에 꼬인다.

**몸길이** 3.5mm 미만
**나오는 때** 5～10월
**겨울나기** 모름

## 외뿔애기꼬마소똥구리 *Caccobius unicornis*

외뿔애기꼬마소똥구리는 이름처럼 머리에 뿔이 하나 돋았다. 뿔은 굵고 곧게 뻗는다. 몸이 까맣고, 짧고 억센 털이 나 있다. 머리와 딱지날개, 여섯 다리는 붉은 밤색이나 검은 밤색을 띤다. 머리방패 앞쪽 가장자리 가운데가 움푹 들어갔다. 주로 사람 똥이나 개똥에 잘 모이고 양과 소가 싸는 똥에도 모인다.

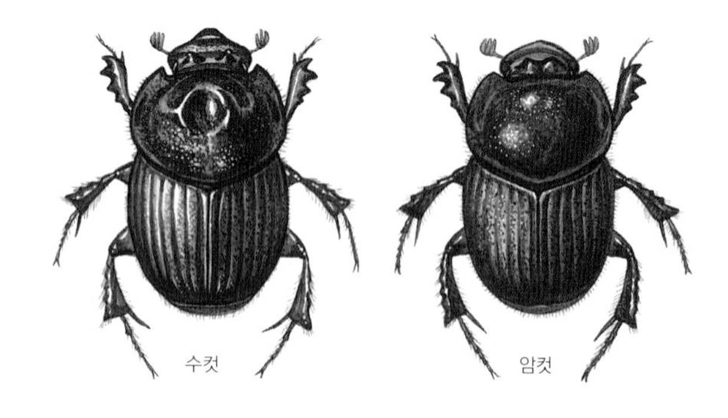


**몸길이** 5～9mm
**나오는 때** 5～10월
**겨울나기** 모름

## 검정혹가슴소똥풍뎅이 *Onthophagus atripennis*

검정혹가슴소똥풍뎅이는 온몸이 까만데, 구릿빛이나 보랏빛도 함께 띠면서 반짝거린다. 수컷은 앞가슴등판 가운데가 뿔처럼 두 개 불룩 솟았다. 머리에도 작은 돌기처럼 뿔이 솟았다. 머리방패는 앞쪽으로 늘어났는데 수컷은 가운데가 더 크게 늘어나 삼각형처럼 생겼다. 사람 똥이나 개똥에 잘 꼬이고, 썩은 버섯이나 썩은 동물 시체에도 온다.

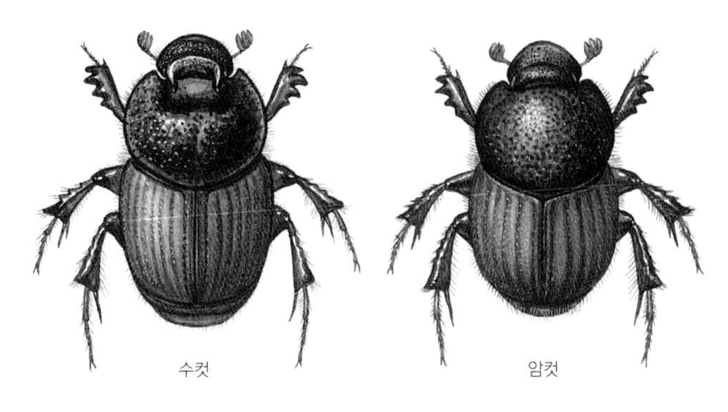


**몸길이** 6～13mm
**나오는 때** 4～8월
**겨울나기** 모름

## 황소뿔소똥풍뎅이 *Onthophagus bivertex*

황소뿔소똥풍뎅이는 수컷 정수리에서 솟아오른 줄이 마치 황소 뿔처럼 양쪽으로 튀어나왔다. 온몸은 검은 밤색으로 반짝거린다. 하지만 딱지날개가 짙은 밤색이거나 불그스름한 밤색인 것도 많다. 딱지날개에 홈이 파인 세로줄이 나 있다. 소똥에 꼬인다.

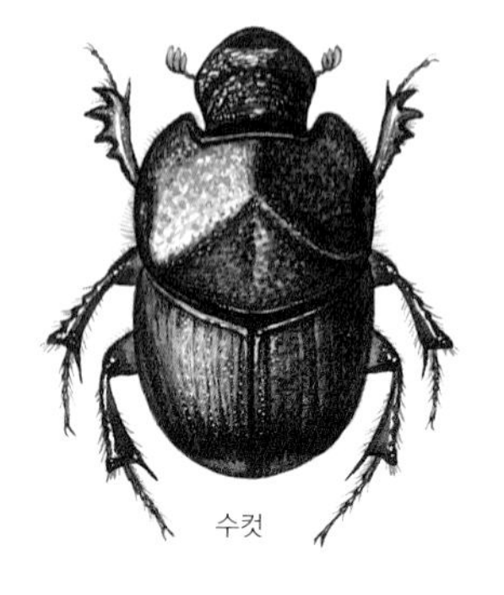
수컷

암컷

**몸길이** 6～12mm
**나오는 때** 3～10월
**겨울나기** 어른벌레

# 모가슴소똥풍뎅이 *Onthophagus fodiens*

모가슴소똥풍뎅이는 낮은 산부터 흔하게 볼 수 있다. 수컷은 앞가슴등판 양옆이 앞쪽으로 심하게 기울어져서 삼각형처럼 보인다. 하지만 암컷은 앞가슴등판이 둥글고 곰보처럼 작은 홈들이 잔뜩 파여 있다. 여러 동물 똥을 가리지 않고 날아와 먹는다. 도시 둘레에서 사람 똥이나 개똥을 먹기도 한다.

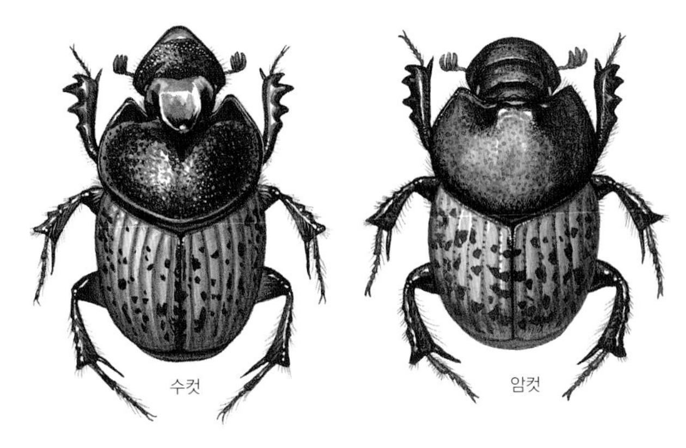


**몸길이** 8～15mm
**나오는 때** 6～10월
**겨울나기** 애벌레

## 점박이외뿔소똥풍뎅이 *Onthophagus gibbulus*

점박이외뿔소똥풍뎅이는 온몸은 까맣게 반짝거린다. 딱지날개는 누런 밤색이고 까만 점무늬가 여기저기 나 있다. 앞가슴등판은 까맣고 점무늬가 있다. 머리방패에는 가로로 주름이 있다. 수컷은 머리방패 가운데 앞쪽이 늘어나 삼각형처럼 보인다. 암컷은 머리방패 앞쪽이 둥글다. 온 나라에서 흔하게 볼 수 있는 소똥풍뎅이다. 소똥에 많이 꼬인다. 애벌레로 겨울을 나는 것으로 보인다.

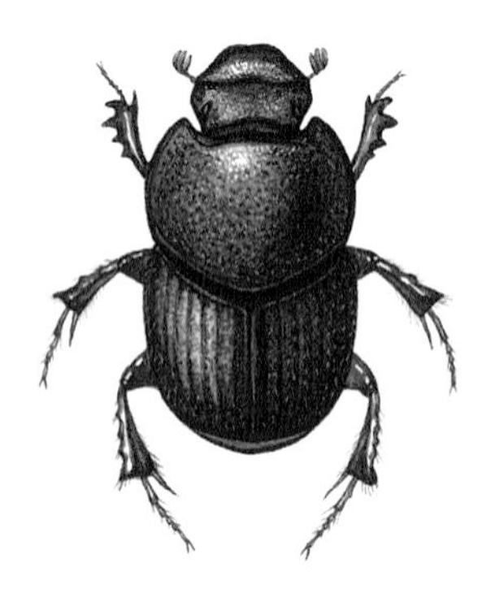

**몸길이** 7mm 안팎
**나오는 때** 모름
**겨울나기** 모름

## 황해도소똥풍뎅이 *Onthophagus hvangheus*

황해도소똥풍뎅이는 온몸이 까맣고 살짝 반짝거린다. 머리는 팔각형으로 생겼다. 머리방패 앞 가장자리가 위쪽으로 솟아올랐고, 가운데가 살짝 들어갔다. 암컷은 머리방패에 있는 홈이 뚜렷한데, 수컷은 머리방패 뒤쪽에만 홈이 살짝 파였다. 수컷은 앞다리 종아리마디가 가늘고 길며 안쪽으로 살짝 구부러졌다.

**몸길이** 7～11mm
**나오는 때** 3～10월
**겨울나기** 어른벌레

## 소요산소똥풍뎅이 *Onthophagus japonicus*

소요산소똥풍뎅이는 머리와 가슴은 까맣고, 딱지날개는 누렇다. 딱지날개에 까만 무늬가 서로 마주 있다. 수컷은 양쪽 가슴에 뾰족한 돌기가 튀어나왔다. 암컷은 돌기가 없거나 작다. 산이나 들판에 있는 소똥이나 말똥, 사람 똥에 모인다. 가을에 어른벌레가 되고 겨울을 난다. 이듬해 봄에 짝짓기를 하고 알을 낳는다.

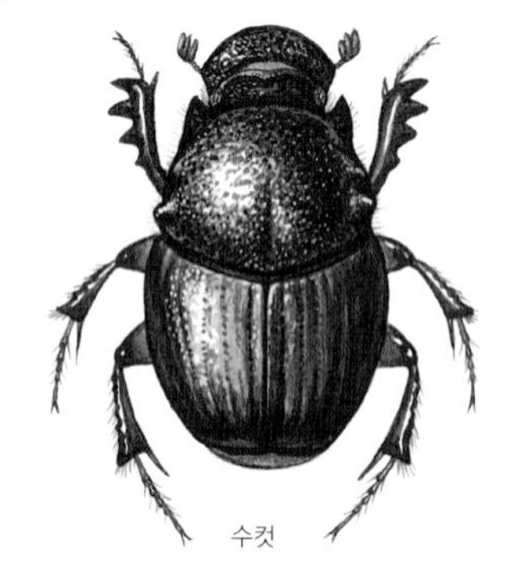
수컷

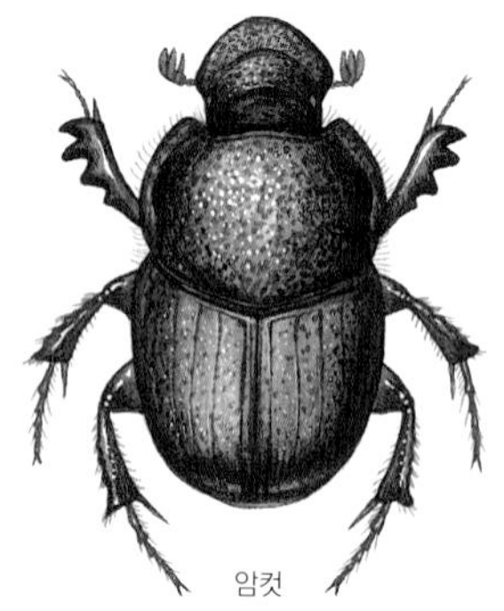
암컷

**몸길이** 6～12mm
**나오는 때** 3～10월
**겨울나기** 어른벌레

## 렌지소똥풍뎅이 *Onthophagus lenzii*

렌지소똥풍뎅이는 온 나라에서 볼 수 있다. 수컷 앞가슴등판 양쪽에 돌기가 튀어나왔다. 암컷은 돌기가 안 튀어나오고 둥글다. 이른 봄부터 늦가을까지 소똥이나 말똥에 모인다. 소똥구리 무리 가운데 가장 흔하게 볼 수 있다. 밤에 불빛을 보고 날아오기도 한다.

**몸길이** 7mm 미만
**나오는 때** 4～10월
**겨울나기** 모름

## 꼬마외뿔소똥풍뎅이 *Onthophagus olsoufieffi*

꼬마외뿔소똥풍뎅이는 온몸이 까맣고 털이 많이 나 있다. 머리에 작은 뿔이 하나 있는데, 수컷은 끝이 Y자처럼 갈라진다. 앞가슴등판 앞쪽이 거의 직각으로 경사가 졌다. 그 위에 작은 돌기 4개가 앞쪽으로 솟았다. 암컷은 수컷보다 경사가 가파르지 않고 돌기도 작다. 몸은 암컷이 더 크다. 산에서도 보이고 도시에서도 볼 수 있다. 소똥이나 말똥에 꼬이는데, 도시 둘레에서 사람 똥이나 개똥에도 곧잘 온다.

**몸길이** 4～6mm
**나오는 때** 5～9월
**겨울나기** 모름

## 꼬마곰보소똥풍뎅이 *Onthophagus punctator*

꼬마곰보소똥풍뎅이는 꼬마외뿔소똥풍뎅이와 닮았다. 꼬마곰보소똥풍뎅이는 머리방패 앞쪽 가운데가 깊게 파여서 다르다. 온몸은 까맣고 살짝 반짝거린다. 온몸에 털이 많이 나 있다. 머리방패에는 홈이 잔뜩 파여 주름살처럼 나 있다. 앞가슴등판은 넓고 둥글다. 산에서 볼 수 있다. 소똥에 잘 꼬이지만 여러 가지 산짐승 똥에도 모인다. 사람 똥이나 개똥에도 꼬인다.

**몸길이** 10～15mm
**나오는 때** 4～10월
**겨울나기** 모름

## 검정뿔소똥풍뎅이 *Onthophagus rugulosus*

검정뿔소똥풍뎅이는 몸이 거의 오각형에 가깝다. 몸이 까맣게 반짝거리고, 배 쪽에는 긴 누런 털이 잔뜩 나 있다. 머리방패는 앞쪽으로 둥글게 늘어났는데, 앞 가장자리 가운데가 살짝 파였다. 어른벌레는 소똥이나 말똥보다 사람 똥이나 개똥에 더 잘 꼬인다. 밤에 불빛을 보고 날아오기도 한다.

**몸길이** 7 ~ 10mm
**나오는 때** 4 ~ 10월
**겨울나기** 모름

## 노랑무늬소똥풍뎅이 *Onthophagus solivagus*

노랑무늬소똥풍뎅이는 딱지날개 앞쪽에 노란 무늬가 1 ~ 3개씩, 끝 가장자리에 1 ~ 2개씩 있다. 온몸은 까맣고 반짝거리지 않는다. 머리방패는 앞쪽으로 길게 늘어났다. 이마는 활처럼 솟아올랐다. 수컷은 앞다리 종아리마디가 가늘고 길다. 물가 모래땅에서 산다. 소똥에 잘 꼬이고 사람 똥이나 양 똥에도 꼬인다.

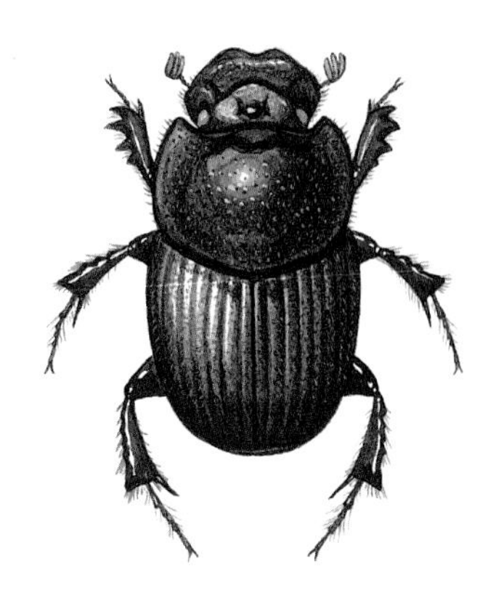

**몸길이** 7～10mm
**나오는 때** 6～8월
**겨울나기** 모름

## 혹날개소똥풍뎅이 *Onthophagus tragus*

혹날개소똥풍뎅이는 딱지날개 첫 번째 세로줄 앞쪽에 혹처럼 생긴 작은 돌기가 있다. 온몸은 까맣다. 머리방패는 앞쪽으로 길게 늘어났고, 앞쪽 가운데가 깊게 파였다. 머리방패에 파인 홈이 수컷은 아주 작고 드문드문한데, 암컷은 크고 빽빽하다. 수컷 머리에는 뾰족한 뿔이 2개 솟았는데, 암컷은 작고 삼각형으로 생긴 뿔 1개가 눈 사이에 솟았다. 바닷가 모래밭에서 보인다.

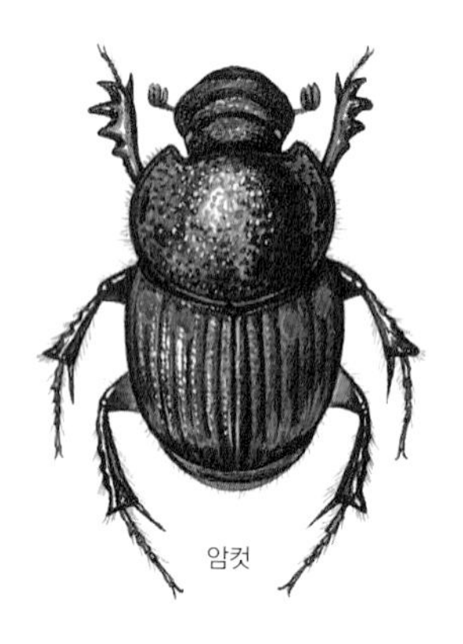


**몸길이** 5~8mm
**나오는 때** 5~9월
**겨울나기** 모름

## 변색날개소똥풍뎅이 *Onthophagus trituber*

변색날개소똥풍뎅이는 몸이 짧지만 옆으로 넓다. 온몸은 까맣게 반짝거린다. 머리와 앞가슴등판은 풀빛이나 구릿빛이 돈다. 머리에는 가늘고 긴 뿔이 하나 있다. 머리방패는 앞쪽으로 넓게 늘어났다. 앞가슴등판 가운데는 아주 높고, 앞쪽으로 가파르게 경사가 지고 거기에 작은 돌기가 3개 있다. 딱지날개에는 붉은 무늬가 있다.

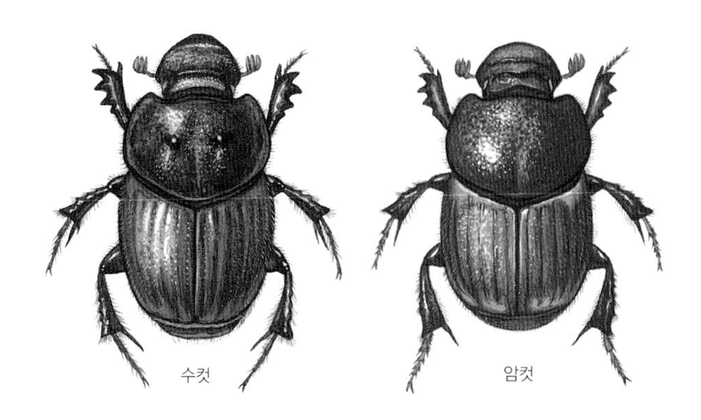


**몸길이** 5～9mm
**나오는 때** 4～10월
**겨울나기** 모름

## 갈색혹가슴소똥풍뎅이 *Onthophagus viduus*

갈색혹가슴소똥풍뎅이는 온몸이 짙은 밤색인 종이 많다. 딱지날개 앞쪽과 끝에 누런 무늬가 있기도 하다. 수컷은 양 눈 뒤쪽이 솟았는데, 암컷은 눈 앞이 솟았다. 수컷은 앞가슴등판 가운데 앞쪽이 크고 둥글게 움푹 들어갔는데, 암컷은 살짝 들어갔다. 머리방패는 앞쪽으로 길게 늘어났는데, 수컷이 더 늘어났다. 온 나라 산과 섬에서 볼 수 있다. 소나 말처럼 큰 짐승 똥에 잘 꼬이는데 사람 똥이나 개똥, 죽은 동물, 오물 더미에서도 보인다.

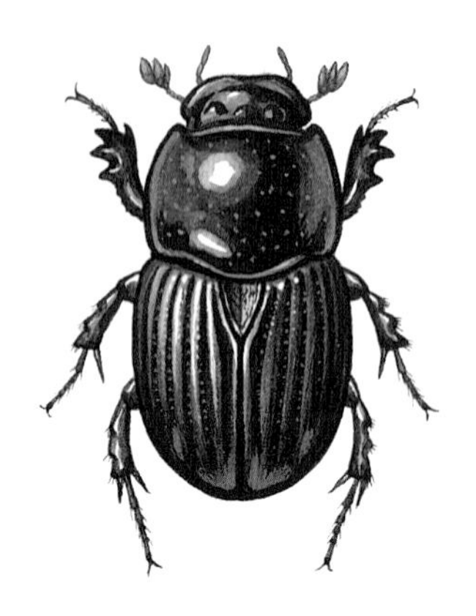

**몸길이** 7~11mm
**나오는 때** 4~7월
**겨울나기** 모름

## 뚱보똥풍뎅이 *Aphodius brachysomus*

뚱보똥풍뎅이는 온몸이 까맣게 반짝거린다. 그런데 우리나라에 사는 뚱보똥풍뎅이는 딱지날개에 누런 무늬를 가진 종이 많다. 이마에 작은 뿔이나 혹이 나 있다. 딱지날개에 홈이 파인 세로줄이 뚜렷하다. 작은 방패판은 딱지날개 1/4 길이가 될 만큼 크다. 뒷다리 첫 번째 발목마디는 그 다음에 있는 세 마디 길이를 합친 것과 비슷하다. 제주도를 포함한 온 나라에서 볼 수 있다. 소똥에 많이 꼬이고 사람 똥이나 말똥, 양똥에서도 드물게 볼 수 있다.

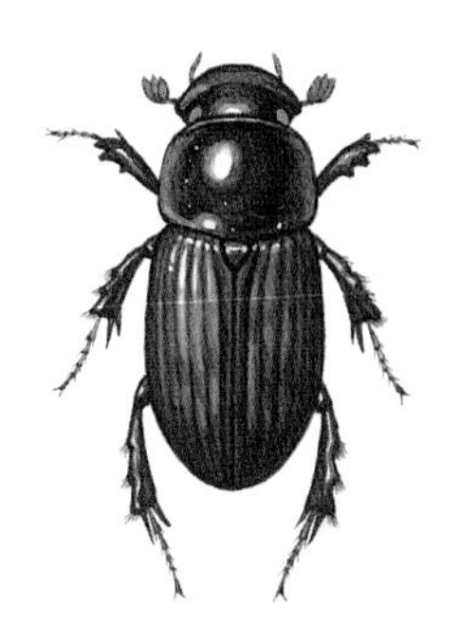

**몸길이** 4~5mm
**나오는 때** 5~7월
**겨울나기** 모름

## 발발이똥풍뎅이 *Aphodius comatus*

발발이똥풍뎅이는 온몸이 누런 밤색이나 누런 붉은색으로 반짝거린다. 이마와 앞가슴등판 가운데는 검은 밤색이다. 머리가 평평하다. 앞가슴등판이 넓고 평평하고, 뒷 모서리가 크게 경사진다. 딱지날개에는 끝에만 아주 짧은 털이 있다. 뒷다리 첫 번째 발목마디 길이는 그 다음 세 마디 길이를 합한 길이보다 길다. 제주도를 포함한 온 나라에서 볼 수 있다. 무리를 지어 짝짓기를 한다. 소똥이나 사람 똥에 꼬인다.

**몸길이** 2~4mm
**나오는 때** 모름
**겨울나기** 모름

## 희귀한똥풍뎅이 *Aphodius culminarius*

희귀한똥풍뎅이는 몸길이가 4mm를 넘지 않는다. 온몸은 누런 밤색으로 반짝거린다. 머리와 앞가슴등판, 작은방패판은 검다. 머리방패는 넓지만 앞쪽으로 급하게 좁아진다. 딱지날개 7번째 홈 줄과 9번째 홈 줄이 뒤쪽에서 굵은 가지처럼 합쳐진다. 뒷다리 첫 번째 발목마디는 그 뒤에 있는 세 마디 길이를 합한 것보다 짧다. 이름처럼 아주 드물게 소똥에서 보인다.

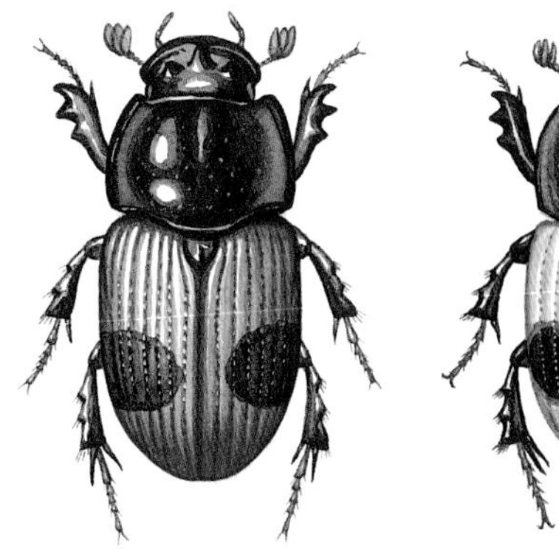

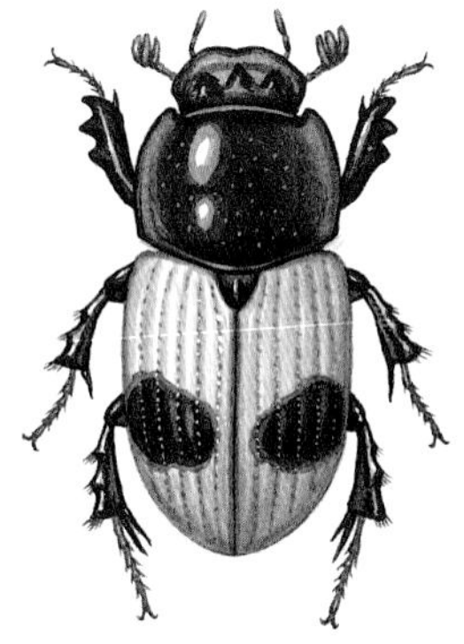

**몸길이** 11 ~ 13mm
**나오는 때** 3 ~ 6월, 9 ~ 10월
**겨울나기** 어른벌레

## 큰점박이똥풍뎅이 *Aphodius elegans*

큰점박이똥풍뎅이는 노란 딱지날개에 크고 까만 점이 한 쌍 있다. 우리나라 똥풍뎅이 가운데 몸집이 가장 크다. 세로로 난 홈 줄이 10줄씩 나 있다. 수컷 머리에는 조그만 뿔이 나 있다. 들과 낮은 산에 있는 소똥이나 말똥에 날아온다. 짝짓기를 마친 암컷은 똥 밑에 땅을 파고 들어가 작은 똥 경단을 만든 뒤 그 속에 알을 낳는다. 알에서 나온 애벌레는 땅속에서 똥 경단을 먹다가 다 먹으면 땅 위로 올라와 땅에 남은 똥을 먹어치운다. 6달쯤 지나면 어른벌레가 된다.

**몸길이** 4~6mm
**나오는 때** 4~8월
**겨울나기** 애벌레

## 꼬마뚱보똥풍뎅이 *Aphodius haemorrhoidalis*

꼬마뚱보똥풍뎅이는 온몸이 까맣게 반짝거리는데 딱지날개 끝은 붉은 밤색이다. 때로는 딱지날개 어깨까지 붉은 밤색을 띠기도 한다. 딱지날개에는 세로줄이 뚜렷하다. 앞가슴등판에 홈에 뚜렷하게 파여 있다. 뒷다리 첫 번째 발목마디 길이는 그 다음 세 마디 길이를 합한 것보다 길다. 북녘과 중부 지방에서 보인다. 소똥이나 사람 똥에 꼬인다.

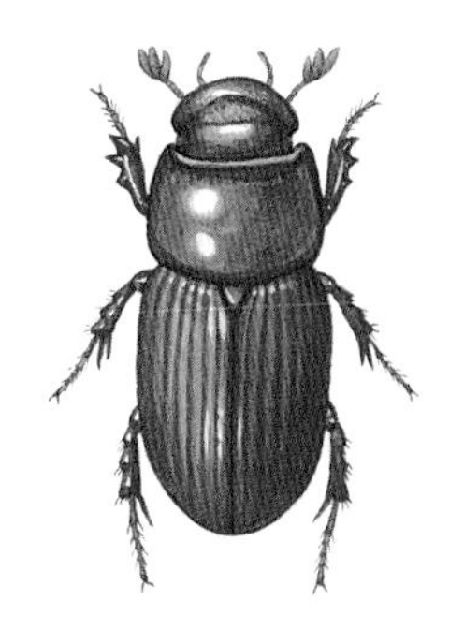

**몸길이** 7mm 안팎
**나오는 때** 6～8월
**겨울나기** 애벌레

## 매끈한똥풍뎅이 *Aphodius impunctatus*

매끈한똥풍뎅이는 이름처럼 몸이 매끈하게 반짝거린다. 온몸은 붉은 밤색이다. 뒷다리 첫 번째 발목마디 길이는 그 다음에 있는 두 마디 길이를 합한 것보다 조금 더 길다. 머리방패 앞 가장자리는 둥글다.

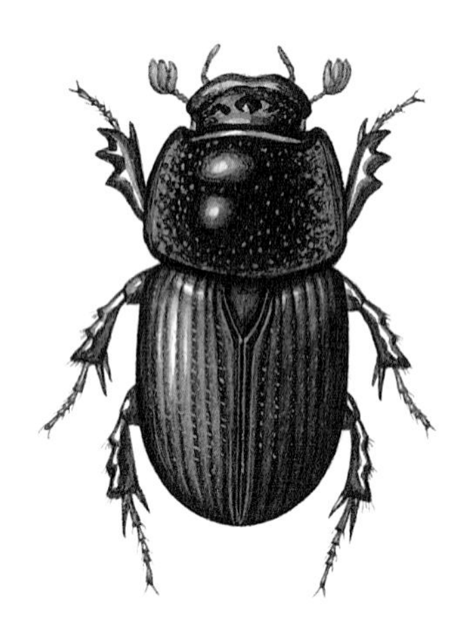

**몸길이** 10~13mm
**나오는 때** 4~8월
**겨울나기** 모름

## 왕좀똥풍뎅이 *Aphodius indagator*

왕좀똥풍뎅이는 왕똥풍뎅이와 닮았지만 왕똥풍뎅이보다 몸이 덜 반짝거린다. 온몸이 까맣고 살짝 반짝거린다. 머리는 평평하고 수컷은 머리 가운데에 뿔처럼 혹이 돋았다. 앞가슴등판 양옆에 홈이 잔뜩 파였다. 딱지날개에는 세로로 홈이 파여 줄이 나 있다. 뒷다리 첫 번째 발목마디 길이는 그 다음 세 마디를 합친 길이보다 훨씬 길다. 북녘에서 많이 살고 남녘에서는 오대산이나 설악산, 태백산 같은 높은 산에서 볼 수 있다. 소똥에 잘 꼬인다.

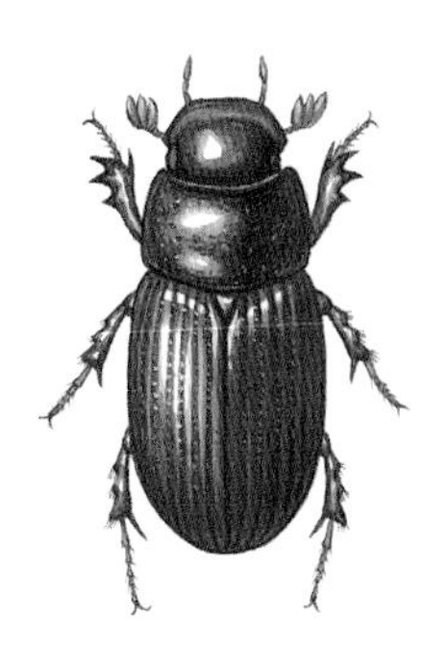

**몸길이** 6mm 안팎
**나오는 때** 4～10월
**겨울나기** 모름

## 고려똥풍뎅이 *Aphodius koreanensis*

고려똥풍뎅이는 몸이 붉은 밤색으로 반짝거리는데 정수리와 앞가슴등판 위쪽, 날개가 맞붙는 곳은 검은 밤색이다. 등이 불룩하게 솟았고 몸은 길쭉한 알처럼 둥글다. 앞가슴등판은 가운데가 불룩하고, 양옆은 둥글다.

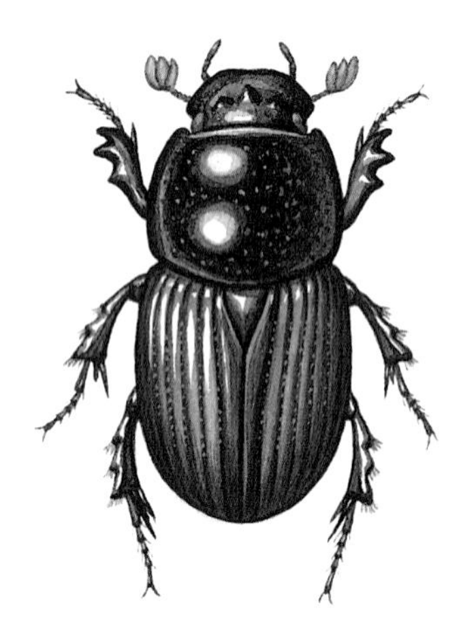

**몸길이** 8～12mm
**나오는 때** 4～8월
**겨울나기** 모름

## 왕똥풍뎅이 *Aphodius propraetor*

왕똥풍뎅이는 온몸이 까맣고 반짝인다. 딱지날개가 짙은 밤색이나 검은 밤색인 것도 있다. 머리 앞쪽은 부채를 편 것처럼 넓적하다. 이마에 혹이 3개 있는데 수컷은 가운데에 있는 혹이 짧은 뿔처럼 생겼다. 온 나라 산과 들에서 살고, 울릉도 같은 섬에서도 보인다. 소똥이나 말똥에 많이 꼬인다. 사람 똥이나 사슴 똥에도 가끔 날아온다. 똥에 모이는 곤충 가운데 왕똥풍뎅이 수가 많다.

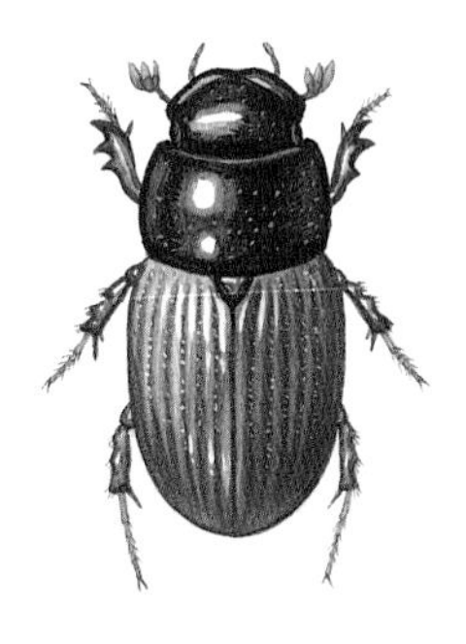

**몸길이** 4mm 안팎
**나오는 때** 4~7월
**겨울나기** 어른벌레

## 꼬마똥풍뎅이 *Aphodius pusillus*

꼬마똥풍뎅이는 온몸이 까맣게 반짝거리는데, 앞가슴등판 앞 모서리와 딱지날개는 붉은 밤색이다. 머리방패는 앞쪽으로 급하게 좁아진다. 앞가슴등판은 가운데가 아주 높다. 뒷다리 첫 번째 발목마디가 그 다음에 있는 두 마디 길이를 합한 길이와 같다. 제주도를 포함한 온 나라에서 볼 수 있다. 소똥과 개똥, 사람 똥에 꼬인다. 프랑스에서는 한 해에 두 번 날개돋이 하고 어른벌레로 겨울을 난다고 한다.

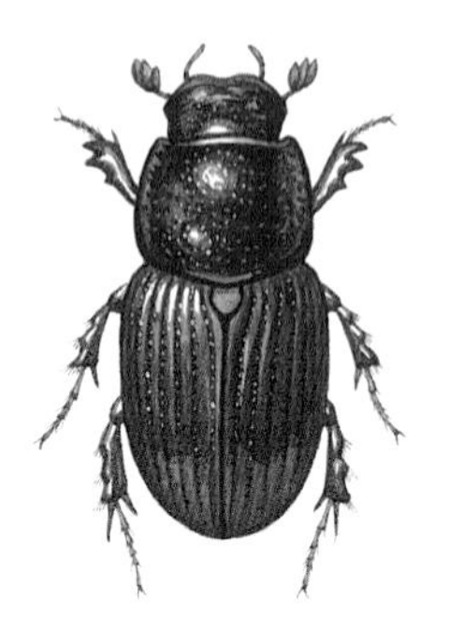

**몸길이** 4~5mm
**나오는 때** 6~10월
**겨울나기** 어른벌레

## 산똥풍뎅이 *Aphodius putridus*

산똥풍뎅이는 몸이 까만데 머리와 앞가슴등판 둘레, 딱지날개는 붉은 밤색이거나 누르스름한 빨간색이다. 또 온몸이 까맣고 몸 끄트머리만 붉은 밤색 무늬가 있는 개체도 보인다. 수컷은 이마 세 곳이 높이 솟았다. 뒷다리 첫 번째 발목마디 길이가 그 다음에 있는 세 마디를 합한 길이와 같다. 프랑스에서는 어른벌레로 겨울을 나고, 말똥, 소똥, 양똥이나 두엄, 썩은 식물 같은 곳에 꼬인다고 한다.

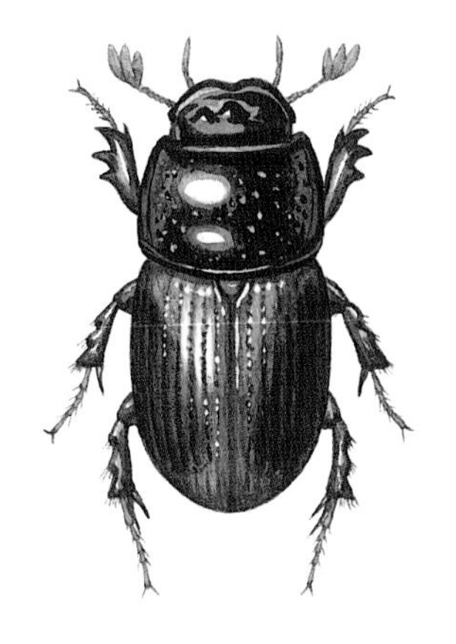

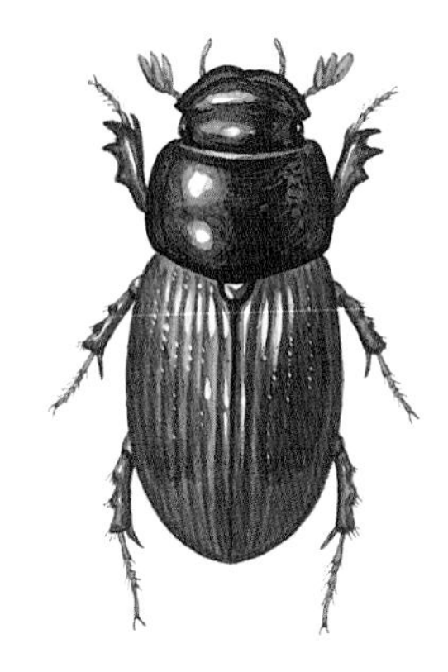

**몸길이** 4~7mm
**나오는 때** 3~10월
**겨울나기** 모름

## 똥풍뎅이 *Aphodius rectus*

똥풍뎅이는 온몸이 검은 밤색이고, 하얀 털이 촘촘하게 나 있다. 앞가슴등판에는 작은 홈이 잔뜩 파여 있다. 딱지날개에는 세로로 난 홈 줄이 10줄씩 있다. 딱지날개는 까만데 붉은 밤색 무늬가 있거나 전체가 붉은 밤색이기도 하다. 산이나 들판에 있는 소똥에서 흔하게 볼 수 있다. 동물 주검이나 다른 동물 똥에서도 보인다. 봄부터 가을까지 볼 수 있다. 암컷은 소똥 속이나 소똥 밑 땅속에 알을 낳는다. 알에서 나온 애벌레는 한 달쯤 지나면 어른벌레가 된다.

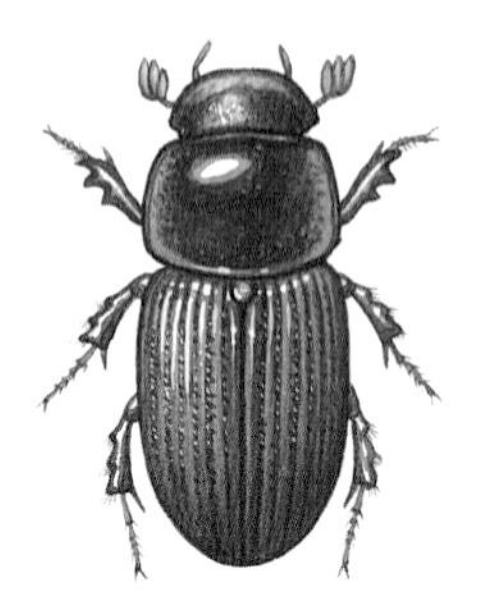

**몸길이** 4~7mm
**나오는 때** 6~9월
**겨울나기** 모름

## 줄똥풍뎅이 *Aphodius rugosostriatus*

줄똥풍뎅이는 짙은 밤색이나 검은 밤색으로 반짝거리는데 머리와 앞가슴 둘레, 딱지날개는 붉은 밤색이다. 앞가슴등판은 가운데가 높고 양옆과 뒷 모서리가 둥글다. 딱지날개에 털이 없고 홈이 파인 세로줄이 뚜렷하다. 뒷다리 첫 번째 발목마디 길이는 그 다음에 있는 세 마디 길이를 합한 것보다 짧다. 소똥이나 말똥에 꼬인다.

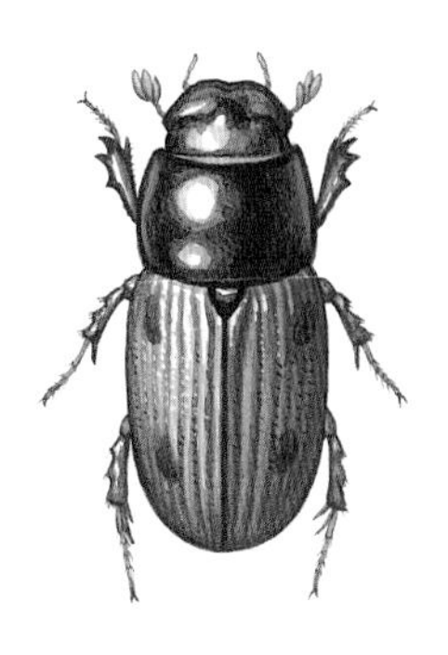

**몸길이** 5～7mm 안팎
**나오는 때** 6～8월
**겨울나기** 애벌레

## 넉점박이똥풍뎅이 *Aphodius sordidus*

넉점박이똥풍뎅이는 이름처럼 딱지날개에 짙은 무늬가 4개 있다. 몸은 누런 밤색으로 반짝거린다. 머리와 앞가슴등판은 검은 밤색이다. 머리 방패는 넓은데 앞쪽으로 좁아진다. 뒷다리 첫 번째 발목마디 길이가 그 다음에 있는 세 마디를 합친 것보다 짧다. 제주도와 울릉도를 포함한 온 나라에서 볼 수 있다. 소똥에 잘 꼬이고 말똥이나 양 똥, 사람 똥에서도 볼 수 있다.

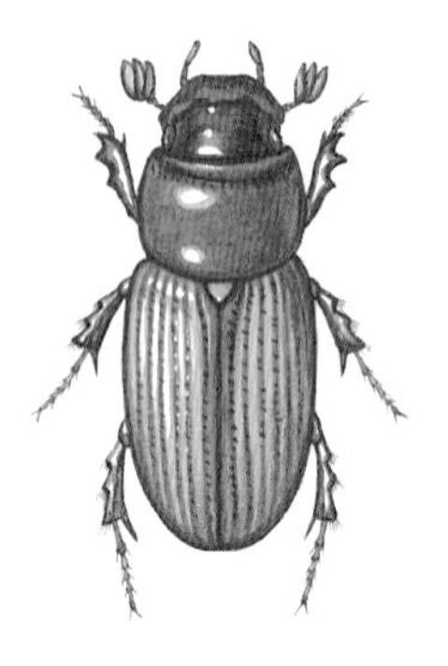

**몸길이** 3mm 안팎
**나오는 때** 4~10월
**겨울나기** 모름

## 애노랑똥풍뎅이 *Aphodius sturmi*

애노랑똥풍뎅이는 이름처럼 온몸이 노랗게 반짝거린다. 뒷머리는 색깔이 더 어둡다. 앞가슴등판 양옆이 둥글다. 딱지날개에는 세로줄이 10개씩 나 있다. 뒷다리 첫 번째 발목마디는 그 뒤에 있는 세 마디 길이를 합한 것과 거의 같다. 제주도를 포함한 온 나라에서 볼 수 있다. 주로 소똥에 많이 꼬이고 사람 똥이나 양 똥에서도 볼 수 있다.

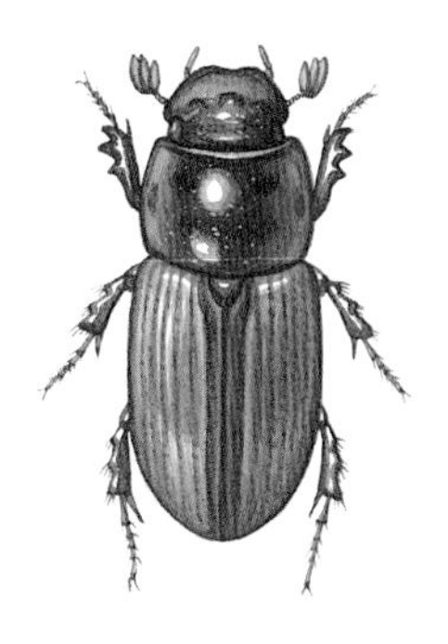

**몸길이** 3~5mm
**나오는 때** 4~10월
**겨울나기** 모름

## 엷은똥풍뎅이 *Aphodius sublimbatus*

엷은똥풍뎅이는 온몸이 누런 밤색으로 반짝거리는데, 머리와 앞가슴등판은 색깔이 더 짙다. 머리에는 작은 돌기가 3개 있다. 딱지날개에는 구름처럼 생긴 무늬가 있다. 앞가슴등판 양옆이 둥글다. 딱지날개에는 세로줄이 파였다. 뒷다리 첫 번째 발목마디 길이가 그 다음에 있는 두 마디 길이를 합한 것과 같다. 제주도와 울릉도를 포함한 온 나라에서 볼 수 있다. 소똥과 양 똥에 잘 꼬인다. 어른벌레는 봄부터 가을까지 보이는데, 5월에 가장 많이 볼 수 있다.

**몸길이** 6～8mm
**나오는 때** 5～7월
**겨울나기** 모름

## 어깨뿔똥풍뎅이 *Aphodius superatratus*

어깨뿔똥풍뎅이는 딱지날개 어깨에 작은 돌기가 있다. 온몸이 까맣고 살짝 반짝거린다. 등이 알처럼 둥글게 솟아올랐다. 앞가슴등판은 거의 네모난데 뒷 모서리는 둥글다. 뒷다리 첫 번째 발목마디 길이는 그 다음에 있는 네 마디 길이를 합한 것보다 조금 짧다.

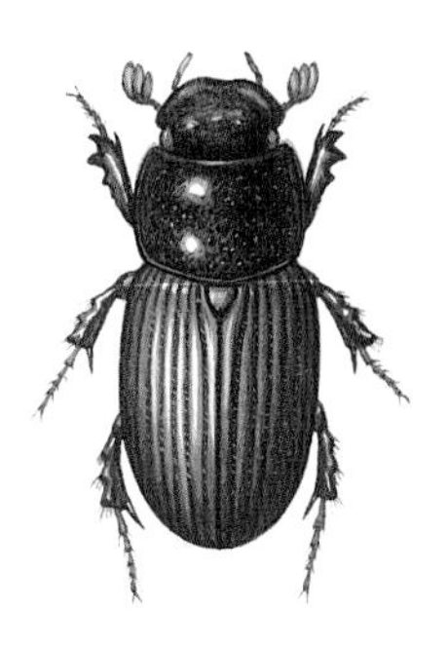

**몸길이** 3～5mm
**나오는 때** 4～10월
**겨울나기** 모름

## 유니폼똥풍뎅이 *Aphodius uniformis*

유니폼똥풍뎅이는 온몸이 까만데 머리와 앞가슴등판 둘레, 다리, 딱지날개는 불그스름한 밤색을 띤다. 앞가슴등판 양옆은 둥글고, 크고 작은 홈이 잔뜩 파여 있다. 딱지날개에는 세로로 난 홈 줄이 나 있다. 소똥이나 말똥, 양 똥, 사람 똥에 꼬인다.

**몸길이** 3~5mm
**나오는 때** 5~9월
**겨울나기** 모름

## 띠똥풍뎅이 *Aphodius uniplagiatus*

띠똥풍뎅이는 온몸이 까맣게 반짝거리지만 머리와 앞가슴등판 둘레, 딱지날개 앞쪽 가운데에 있는 커다란 세모 무늬는 붉은 밤색을 띤다. 앞가슴등판 양옆은 둥글고, 뒷모서리도 둥글다. 딱지날개에는 세로줄이 나 있다. 뒷다리 첫 번째 발목마디 길이가 그 다음에 있는 두 마디 길이 합과 거의 같다. 제주도를 포함한 온 나라에서 보인다. 소똥에 많이 꼬이고 양 똥이나 사람 똥, 말똥에서도 볼 수 있다.

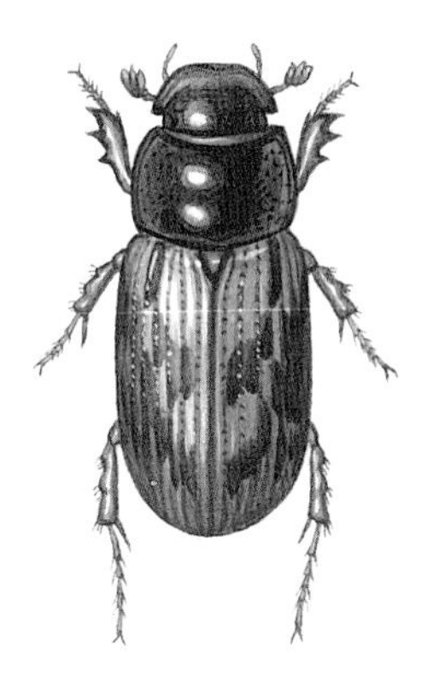

**몸길이** 6mm 안팎
**나오는 때** 5～10월
**겨울나기** 모름

## 먹무늬똥풍뎅이 *Aphodius variabilis*

먹무늬똥풍뎅이는 온몸이 까맣게 반짝거리는데, 머리 둘레와 앞가슴 등판은 밝은 밤색을 띠고, 딱지날개는 누런 밤색을 띤다. 딱지날개에는 까만 무늬가 여기저기 있다. 뒷다리 첫 번째 발목마디 길이는 그 다음 세 마디 길이를 합한 것보다 길다.

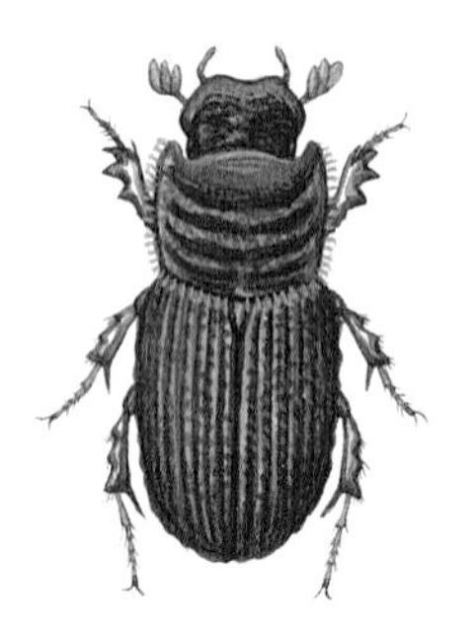

**몸길이** 3mm 안팎
**나오는 때** 5~11월
**겨울나기** 모름

## 곤봉털모래풍뎅이 *Trichiorhyssemus asperulus*

곤봉털모래풍뎅이는 이름처럼 등에 곤봉처럼 생긴 털이 나 있다. 몸은 가늘고 긴 원통형으로 생겼다. 온몸은 까맣거나 거무스름한 밤색이고 반짝이지 않는다. 다리는 붉은 밤색이다. 앞가슴등판에 가로로 도랑이 5줄 깊게 파였다. 앞다리 허벅지마디는 가운뎃다리와 뒷다리 허벅지마디보다 더 굵다. 중부와 남부, 제주도 바닷가나 강가 모래밭에서 산다.

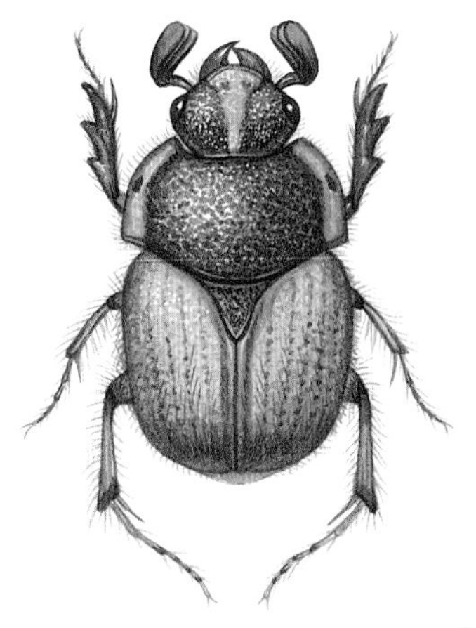

**몸길이** 7～10mm
**나오는 때** 5～8월
**겨울나기** 어른벌레

## 극동붙이금풍뎅이 *Notochodaeus maculatus koreanus*

극동붙이금풍뎅이는 1990년에 우리나라에서 새롭게 찾아낸 종이다. 온몸은 누렇고 머리와 앞가슴등판에 검은 무늬가 있다. 온몸에 누런 털이 빽빽하게 나 있다. 산이나 들판에서 해 질 녘에 풀밭을 낮게 날아다닌다. 어른벌레로 겨울을 난다.

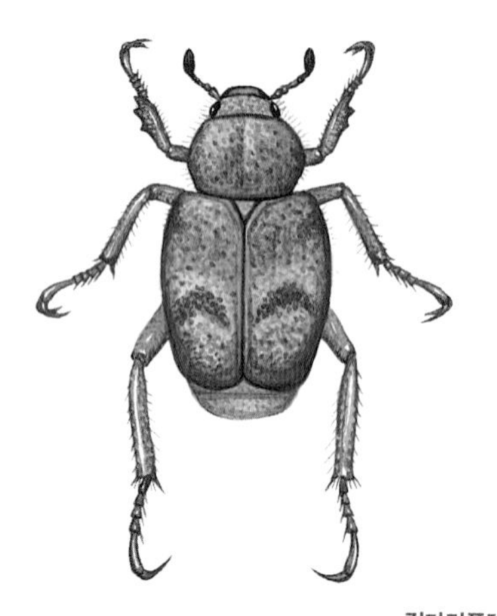

**긴다리풍뎅이아과**
**몸길이** 7～10mm
**나오는 때** 4～9월
**겨울나기** 애벌레, 어른벌레

## 주황긴다리풍뎅이 *Ectinohoplia rufipes*

주황긴다리풍뎅이는 이름처럼 뒷다리가 길다. 딱지날개에는 흙빛 비늘이 덮여 있는데 개체에 따라 누런 잿빛부터 주황색까지 여러 가지 색을 띤다. 손으로 만지면 비늘은 잘 벗겨진다. 뒷다리 발톱이 갈라지지 않는다. 온 나라 산속 풀밭이나 숲 가장자리에서 볼 수 있다. 6월에 가장 많이 볼 수 있다. 꽃을 찾아 이리저리 날아다닌다. 꽃에 앉아 꽃가루를 먹는다. 애벌레는 땅속에서 식물 뿌리를 갉아 먹고 산다. 애벌레나 어른벌레로 겨울을 난다고 한다.

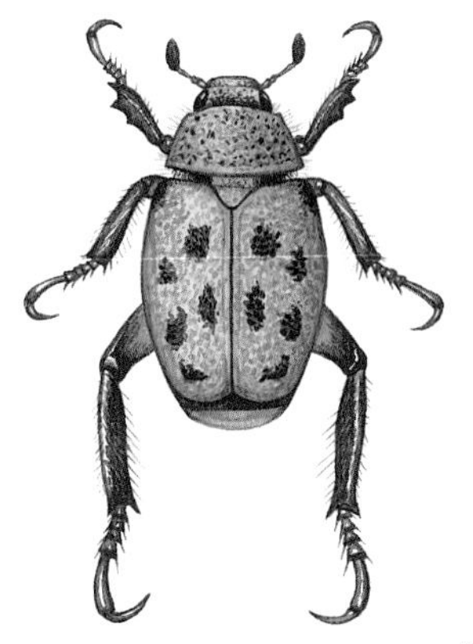

**긴다리풍뎅이아과**
**몸길이** 7mm 안팎
**나오는 때** 4~9월
**겨울나기** 애벌레

# 점박이긴다리풍뎅이 *Hoplia aureola*

점박이긴다리풍뎅이는 누르스름한 풀빛 비늘이 온몸을 덮고 있고, 딱지날개에 까만 점무늬가 12개쯤 있다. 때때로 몸 비늘이 모두 벗겨져 아무 무늬도 안 보인다. 제주도를 포함한 온 나라에서 볼 수 있다. 낮에 배나무나 사과나무, 층층나무, 찔레꽃 같은 여러 꽃에 날아와 꽃과 어린잎을 갉아 먹는다. 애벌레는 과수원 땅속에서 나무뿌리를 갉아 먹는다.

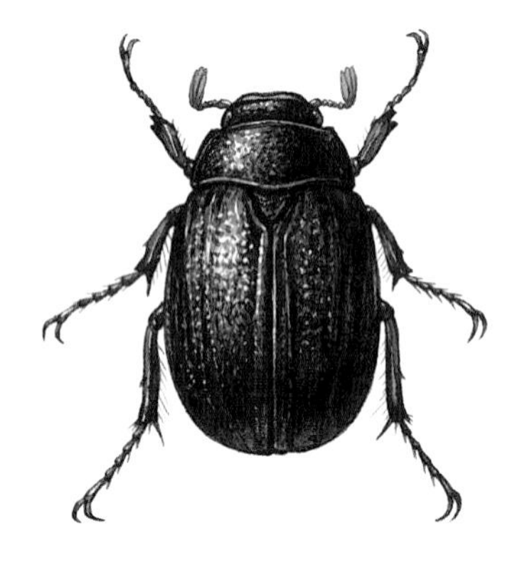

**검정풍뎅이아과**
**몸길이** 8～11mm 안팎
**나오는 때** 4～11월
**겨울나기** 어른벌레

# 감자풍뎅이 *Apogonia cupreoviridis*

감자풍뎅이는 온몸이 까맣게 반짝인다. 보는 방향에 따라 풀빛이나 구릿빛이 감돈다. 더듬이는 불그스름하고 10마디이며, 끝 세 마디가 곤봉처럼 생겼다. 딱지날개에는 세로줄이 3줄씩 튀어나왔고, 자잘한 홈들이 잔뜩 나 있다. 앞가슴등판에도 홈이 크고 거칠게 나 있다. 제주도를 포함한 온 나라 산이나 들판 풀밭에서 볼 수 있다. 밤에 나와 돌아다니면서 넓은잎나무 잎을 갉아 먹는다. 애벌레는 땅속에서 나무나 풀 뿌리를 갉아 먹는다. 밤에 불빛에 날아오기도 한다.

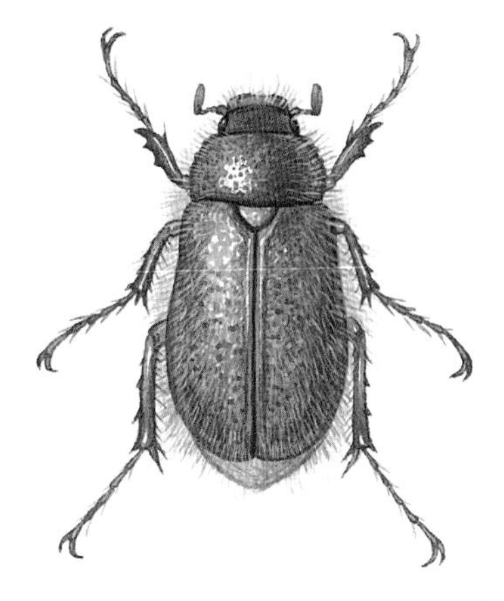

**검정풍뎅이아과**
**몸길이** 9～11mm
**나오는 때** 7～8월
**겨울나기** 모름

## 활더맨홍다색풍뎅이 *Brahmina rubetra faldermanni*

활더맨홍다색풍뎅이는 온몸이 붉은 밤색이다. 등에 기다란 털이 나 있다. 앞가슴등판과 딱지날개에 난 털 길이가 같다. 작은방패판에도 털이 길고 곧게 돋아 있다. 더듬이는 10마디이고, 곤봉처럼 생긴 마디가 3마디다. 수컷은 곤봉처럼 생긴 3마디 길이가 6개 자루마디 길이를 합한 것과 같고, 암컷은 5개 자루마디 길이보다 조금 짧다. 북녘에서 살고 남녘에는 높은 산에서 볼 수 있다.

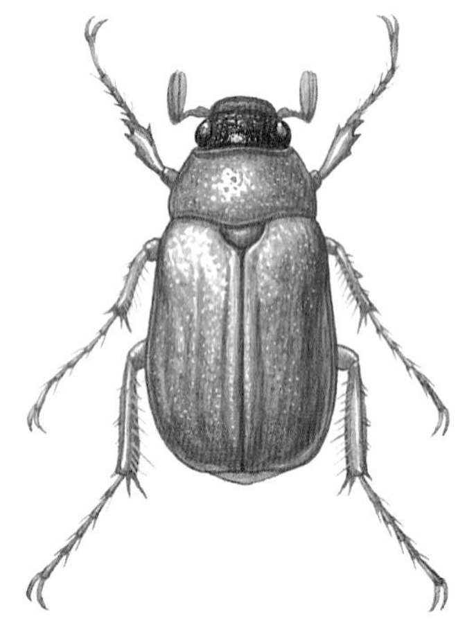

**검정풍뎅이아과**
**몸길이** 10～15mm
**나오는 때** 4～10월
**겨울나기** 어른벌레

# 고려노랑풍뎅이 *Pseudosymmchia impressifrons*

고려노랑풍뎅이는 몸이 뚱뚱하고 노랗다. 더듬이는 9마디다. 가슴 아래쪽에는 누런 털이 잔뜩 나 있다. 제주도를 포함한 온 나라에서 볼 수 있다. 낮은 산이나 들판에서 산다. 어른벌레는 낮에는 숨어 있다가 밤에 나와 땅 위를 돌아다닌다. 불빛으로 날아오기도 한다. 어른벌레로 겨울을 난다고 알려졌다.

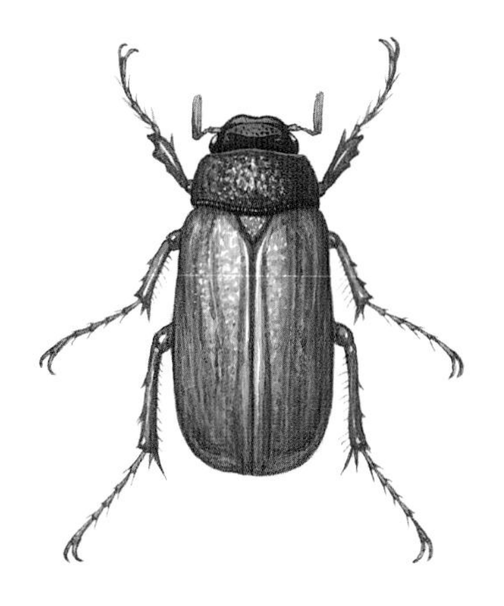

**검정풍뎅이아과**
**몸길이** 10~11mm
**나오는 때** 4~10월
**겨울나기** 모름

## 하이덴갈색줄풍뎅이 *Sophrops heydeni*

하이덴갈색줄풍뎅이는 몸이 누런 밤색으로 반짝거리는데, 머리는 까맣고 머리방패와 앞가슴등판은 어두운 붉은 밤색이다. 머리방패 앞쪽 가운데가 살짝 파였다. 더듬이는 10마디다. 수컷은 곤봉처럼 생긴 더듬이 마디가 가늘고, 자루마디 길이를 합한 것보다 조금 짧다. 암컷은 자루마디 길이에 절반쯤 된다. 딱지날개에는 세로로 솟은 줄이 4개씩 있다. 딱지날개 길이는 폭보다 2배 넘게 길다. 앞다리 종아리마디 안쪽에 있는 가시가 크다. 제주도를 포함한 온 나라에서 볼 수 있다.

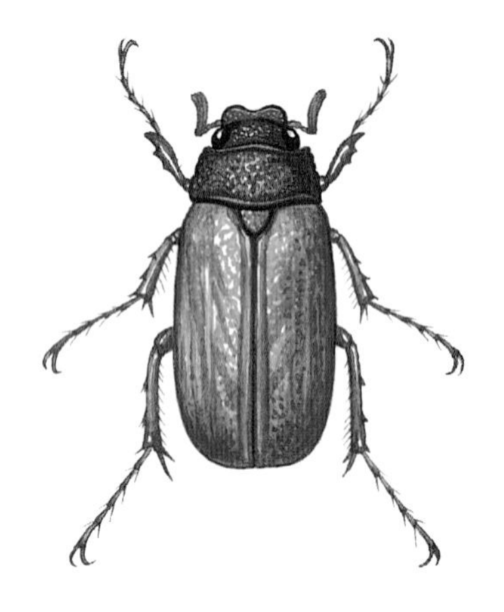

**검정풍뎅이아과**
**몸길이** 11~14mm
**나오는 때** 4~9월
**겨울나기** 모름

# 황갈색줄풍뎅이 *Sophrops striata*

황갈색줄풍뎅이는 이름처럼 온몸이 밤빛이다. 머리와 앞가슴등판은 더 붉거나 검다. 앞가슴등판에는 작은 홈이 잔뜩 파여 있고, 양옆은 뾰족뾰족하고 짧은 가시털이 나 있다. 딱지날개에는 세로줄이 4줄씩 튀어나왔다. 긴다색풍뎅이와 닮았는데, 황갈색줄풍뎅이는 머리방패 앞쪽 가운데가 깊게 파여, 마치 동그란 잎이 두 개 있는 것처럼 보인다. 앞다리 종아리마디 안쪽에 가시가 없다. 제주도를 포함한 온 나라에서 산다. 낮은 산이나 숲 가장자리에서 볼 수 있다.

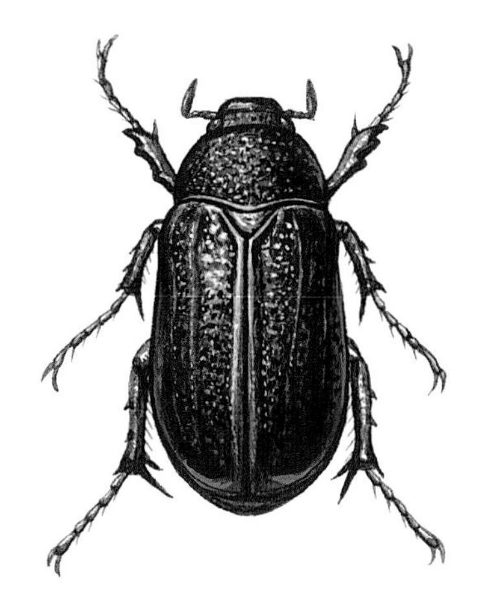

**검정풍뎅이아과**
**몸길이** 16~21mm
**나오는 때** 4~10월
**겨울나기** 애벌레, 어른벌레

## 참검정풍뎅이 *Holotrichia diomphalia*

참검정풍뎅이는 온 나라 산과 들에 자라는 넓은잎나무 잎을 갉아 먹는다. 밤에 불빛을 보고 날아오기도 한다. 검정풍뎅이 무리 가운데 가장 흔하게 보인다. 5~6월에 짝짓기를 마친 암컷은 땅속에 알을 낳는다. 알에서 나온 애벌레는 땅속에서 여러 가지 식물 뿌리나 과수원에 심어 놓은 배나무 뿌리를 갉아 먹고 살다가 3령 애벌레로 겨울을 난다. 이듬해 8월에 번데기가 되고 9월에 어른벌레가 된다. 그대로 땅속에서 어른벌레로 겨울을 난다. 2년에 한 번 어른벌레로 나온다.

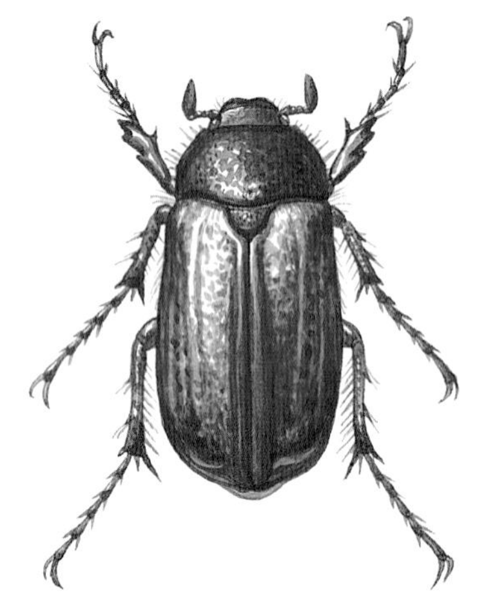

**검정풍뎅이아과**
**몸길이** 17～20mm
**나오는 때** 5～9월
**겨울나기** 모름

## 고려다색풍뎅이 *Holotrichia koraiensis*

고려다색풍뎅이는 몸이 길쭉한 원통처럼 생겼다. 온몸은 붉은 밤색이나 검은 밤색으로 번쩍거린다. 다른 풍뎅이보다 다리 발목마디가 가늘지만 무척 길다. 수컷은 곤봉처럼 생긴 더듬이 마디가 자루마디 길이와 거의 같지만, 암컷은 자루마디 길이의 절반쯤 된다. 제주도를 포함한 온 나라에서 산다.

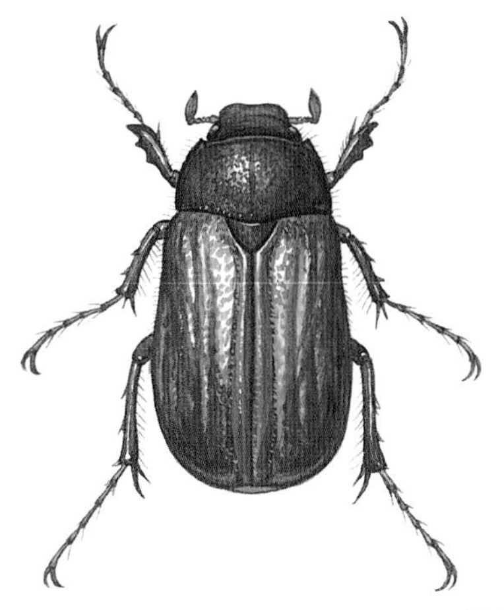

**검정풍뎅이아과**
**몸길이** 17~23mm
**나오는 때** 3~9월
**겨울나기** 모름

## 큰다색풍뎅이 *Holotrichia niponensis*

큰다색풍뎅이는 온몸이 붉은 밤색이나 누런 밤색이다. 딱지날개는 붉은 밤색인데 햇빛을 받으면 무지갯빛으로 아롱댄다. 딱지날개에는 세로로 솟은 줄이 나 있다. 더듬이는 10마디이고 곤봉처럼 생긴 더듬이 마디는 3마디다. 수컷은 곤봉처럼 생긴 더듬이 마디가 자루마디 길이에 1/2쯤 된다. 우리나라에 사는 검정풍뎅이속 무리 가운데 몸이 가장 크다. 제주도를 포함한 온 나라에서 산다.

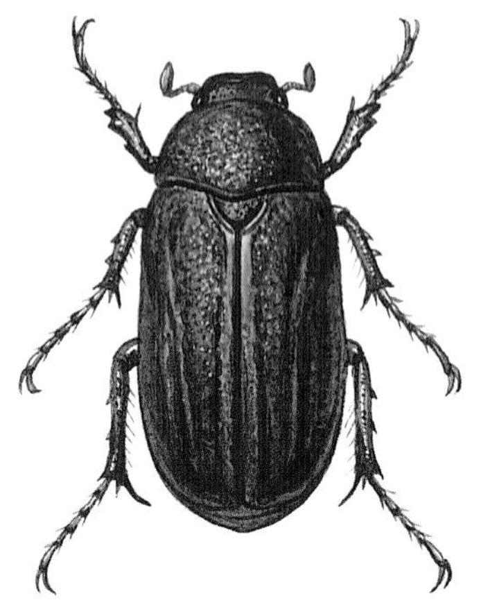

**검정풍뎅이아과**
**몸길이** 17~22mm
**나오는 때** 4~9월
**겨울나기** 어른벌레

## 큰검정풍뎅이 *Holotrichia parallela*

큰검정풍뎅이는 온몸이 까만데 반짝거리지 않는다. 밤빛을 띠는 개체도 많다. 낮은 산이나 들판, 밭에서 흔하게 볼 수 있다. 제주도를 포함한 온 나라에서 산다. 밤에 나와 돌아다니며 사과나무나 벚나무, 밤나무 같은 넓은잎나무 잎을 갉아 먹는다. 불빛으로 날아오기도 한다. 참검정풍뎅이와 사는 모습이 닮았다. 겨울이 오면 어른벌레로 겨울을 난다고 알려졌다. 애벌레는 땅속에서 식물 뿌리를 갉아 먹는다. 알에서 어른벌레가 되는데 1~2년쯤 걸린다.

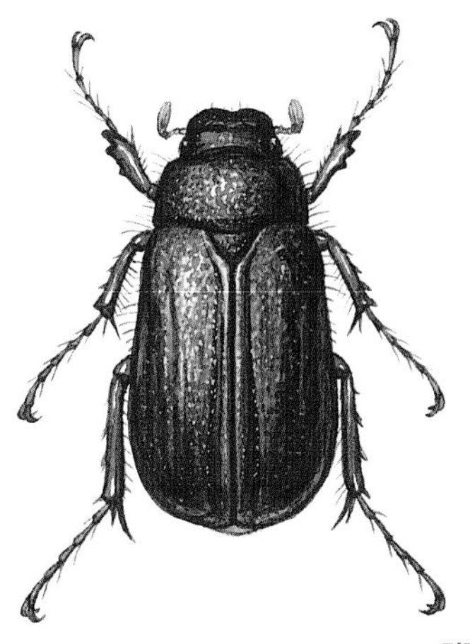

**검정풍뎅이아과**
**몸길이** 15～18mm
**나오는 때** 5～7월
**겨울나기** 모름

## 꼬마검정풍뎅이 *Holotrichia pieca*

꼬마검정풍뎅이는 이름처럼 온몸이 까맣지만 붉은 밤색을 띠기도 한다. 머리방패 앞쪽 가운데가 깊게 파였다. 더듬이에 곤봉처럼 생긴 마디는 암수 모두 아주 짧다. 앞가슴등판 앞쪽 가장자리에 억센 털이 길게 나 있다. 제주도를 포함한 온 나라에서 산다. 어른벌레는 여러 가지 넓은잎나무 잎을 갉아 먹는다.

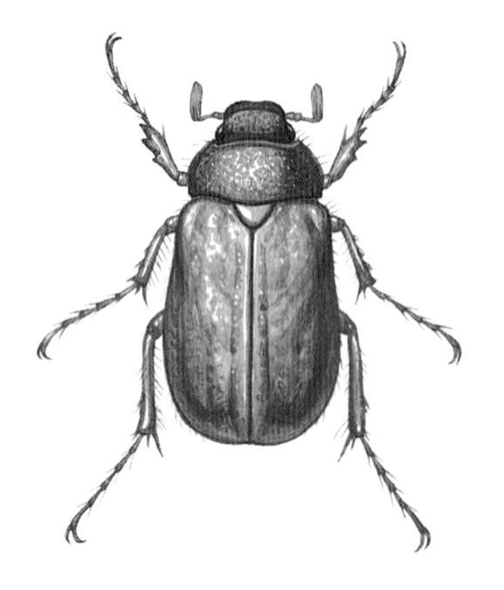

검정풍뎅이아과
**몸길이** 12~15mm
**나오는 때** 5~8월
**겨울나기** 애벌레

## 긴다색풍뎅이 *Heptophylla picea*

긴다색풍뎅이는 온몸이 밤색으로 반짝거린다. 황갈색줄풍뎅이와 닮았는데, 긴다색풍뎅이는 머리방패 가운데가 깊게 파이지 않고 둥그렇게 보여서 다르다. 등과 가슴 아래쪽에 긴 털이 나 있다. 더듬이는 10마디인데, 곤봉처럼 생긴 마디가 수컷은 7마디이고 암컷은 5마디이다. 딱지날개에는 뚜렷하지 않은 세로줄이 4개씩 나 있다. 산과 들판에서 볼 수 있다. 밤에 나와 돌아다니면 꽃이나 잎을 먹는다. 애벌레는 땅속에서 나무뿌리를 갉아 먹는다.

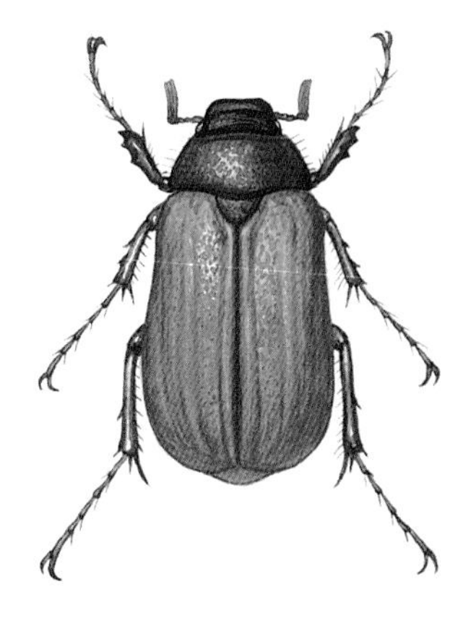

**검정풍뎅이아과**
**몸길이** 15~18mm
**나오는 때** 5~10월
**겨울나기** 어른벌레

## 쌍색풍뎅이 *Hilyotrogus bicoloreus*

쌍색풍뎅이는 온몸이 붉은 밤색이고 반짝거리지 않는다. 더듬이는 누런 밤색이고 끄트머리 5마디가 곤봉처럼 부풀었다. 딱지날개에는 아주 작은 누런 털이 줄지어 나 있다. 제주도를 포함한 온 나라에 산다. 산이나 숲 가장자리에서 볼 수 있다. 어른벌레는 넓은잎나무 잎을 갉아 먹는다.

수컷

암컷

**검정풍뎅이아과**
**몸길이** 33～37mm
**나오는 때** 6～7월
**겨울나기** 애벌레

# 수염풍뎅이 *Polyphylla laticollis manchurica*

수염풍뎅이는 검정풍뎅이 무리 가운데 몸집이 가장 크다. 온몸은 밤색이고, 허연 털 뭉치가 여기저기 나 있다. 앞가슴등판은 짧고 넓으며 짧은 털이 나 있다. 딱지날개에는 세로줄이 3줄씩 튀어나왔다. 수컷은 곤봉처럼 생긴 더듬이가 7마디이고 자루보다 긴데, 암컷은 5마디이고 자루보다 짧다. 1950년까지만 해도 많이 볼 수 있었지만, 1970년 뒤로 거의 사라져서 멸종위기종으로 지정되었다. 6~7월에 가장 많이 볼 수 있었다. 온 나라 강가나 바닷가 모래밭에 많이 살았다.

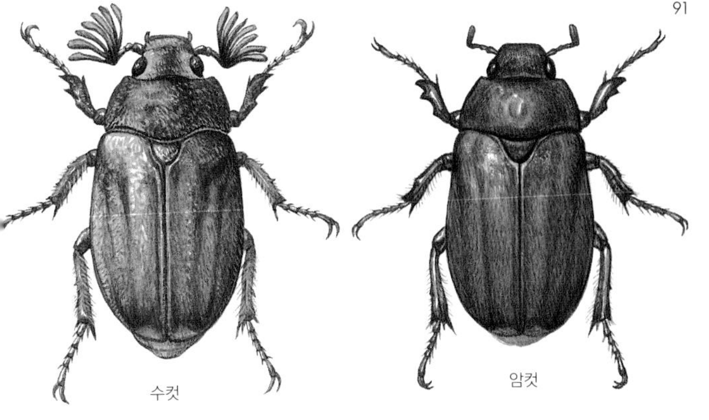


**검정풍뎅이아과**
**몸길이** 26~33mm
**나오는 때** 6~8월
**겨울나기** 애벌레

## 왕풍뎅이 *Melolontha incana*

왕풍뎅이는 이름처럼 몸집이 크다. 더듬이는 10마디인데 7마디가 곤봉처럼 불거져 길다. 암컷은 더듬이가 작고, 수컷은 크다. 온몸은 붉은 밤색이고, 노랗거나 하얀 짧은 털이 빽빽하게 나 있다. 털이 다 빠지면 붉은 밤색이다. 앞다리 종아리마디에 가시처럼 뾰족한 돌기가 두 개 있다. 참나무가 자라는 숲에서 많이 산다. 어른벌레는 6~8월에 나온다. 낮에 참나무나 밤나무 잎을 갉아 먹는다. 밤에는 불빛을 보고 날아온다. 2년에 한 번 어른벌레로 날개돋이 한다.

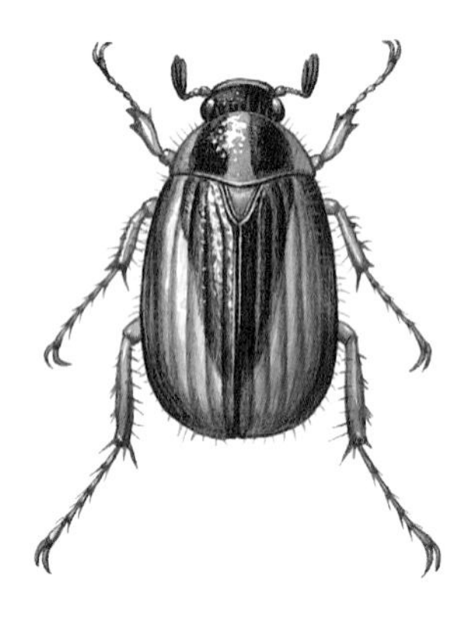

**우단풍뎅이아과**
**몸길이** 6~8mm
**나오는 때** 4~10월
**겨울나기** 어른벌레

## 줄우단풍뎅이 *Gastroserica herzi*

줄우단풍뎅이는 앞가슴등판 앞쪽이 뚜렷하게 좁아서 다른 우단풍뎅이와 다르다. 까만 줄무늬가 머리와 앞가슴등판에 두 줄, 딱지날개에는 가운데와 양 옆에 두 줄씩 있다. 때때로 줄무늬가 없기도 하다. 더듬이는 10마디다. 곤봉처럼 생긴 마디가 4마디인데 수컷은 자루 부분보다 길고, 암컷은 짧다. 낮에 참나무가 많이 자라는 낮은 산이나 풀밭, 가끔 논밭에서도 보인다. 넓은잎나무 잎에 자주 앉아 갉아 먹는다. 7월에 가장 많이 볼 수 있다. 어른벌레로 겨울을 난다고 한다.

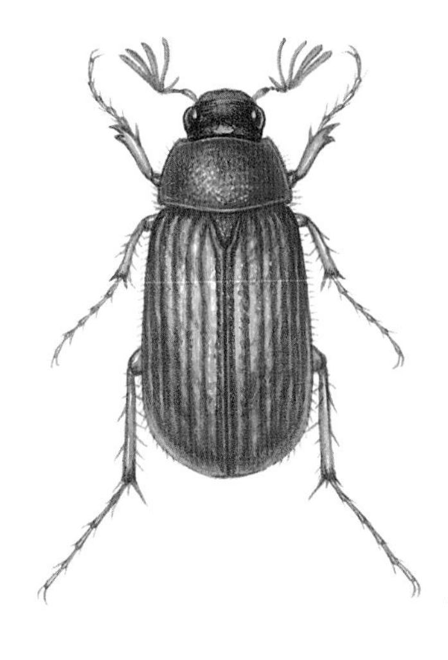

**우단풍뎅이아과**
**몸길이** 8～11mm
**나오는 때** 4～9월
**겨울나기** 어른벌레

## 흑다색우단풍뎅이 *Sericania fuscolineata*

흑다색우단풍뎅이는 온몸이 붉은 밤색으로 반짝거린다. 정수리와 앞가슴등판 가운데, 딱지날개가 맞붙는 곳은 검은 밤색이다. 딱지날개에는 세로줄이 뚜렷하다. 더듬이는 9마디이고 다섯 번째 자루마디가 아주 길다. 곤봉처럼 생긴 마디는 수컷은 4마디이고 자루마디 길이보다 2배 더 길다. 암컷은 3마디이고 자루마디 길이보다 살짝 짧다. 제주도를 뺀 온 나라에서 산다.

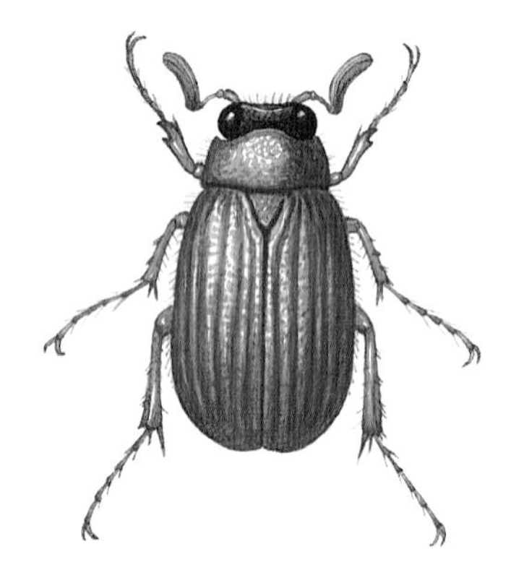

**우단풍뎅이아과**
**몸길이** 8～10mm
**나오는 때** 5～7월
**겨울나기** 모름

## 갈색우단풍뎅이 *Serica fulvopubens*

갈색우단풍뎅이는 몸이 까맣거나 밤색인데, 긴 털이 덮여 있다. 더듬이는 9마디다. 수컷은 곤봉처럼 생긴 더듬이 마디가 자루마디 길이보다 두 배쯤 더 길다. 암컷은 자루마디 길이와 거의 같다. 딱지날개 양옆 가장자리에는 억센 털이 나 있다. 제주도를 포함한 온 나라에서 산다.

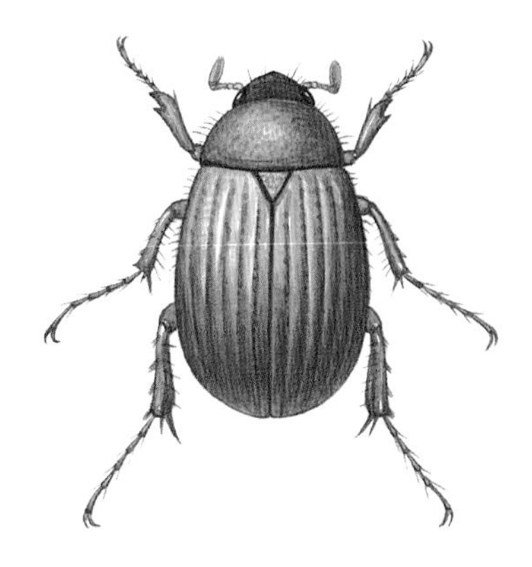

**우단풍뎅이아과**
**몸길이** 6～9mm
**나오는 때** 6～8월
**겨울나기** 모름

## 금색우단풍뎅이 *Maladera aureola*

금색우단풍뎅이는 이름처럼 온몸이 금빛을 띠는 노란빛을 띤다. 몸 여기저기에 기다란 누런 털이 나 있다. 뒷다리 허벅지마디는 가운뎃다리보다 두 배나 더 길다. 더듬이는 10마디다. 곤봉처럼 생긴 마디는 수컷은 자루마디 길이와 같고, 암컷은 더 짧다. 중부 지방 밑에서 산다.

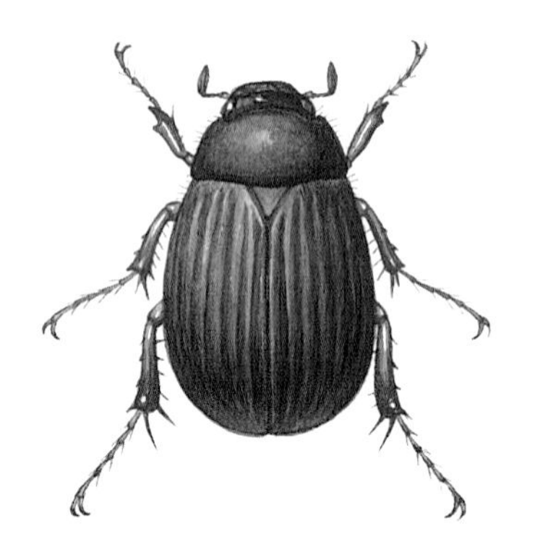

**우단풍뎅이아과**
**몸길이** 8～10mm
**나오는 때** 3～11월
**겨울나기** 어른벌레

## 알모양우단풍뎅이 *Maladera cariniceps*

알모양우단풍뎅이는 몸 윗면이 까만 밤색이고, 아랫면은 붉은 밤색이다. 등에는 하얗고 자잘한 털로 빽빽하게 덮여 있다. 딱지날개에는 이리저리 홈이 파여 있다. 딱지날개 바깥쪽 가장자리에 억센 털이 잔뜩 나 있다. 더듬이는 9~10마디다. 곤봉처럼 생긴 마디는 암수 모두 자루마디보다 짧다. 제주도를 포함한 온 나라에서 볼 수 있다. 산속이나 들판 풀밭에 산다. 어른벌레로 흙속이나 나무 밑동 껍질 속에서 겨울을 나고 이른 봄부터 밤에 나와 돌아다닌다. 5월에 가장 많이 보인다.

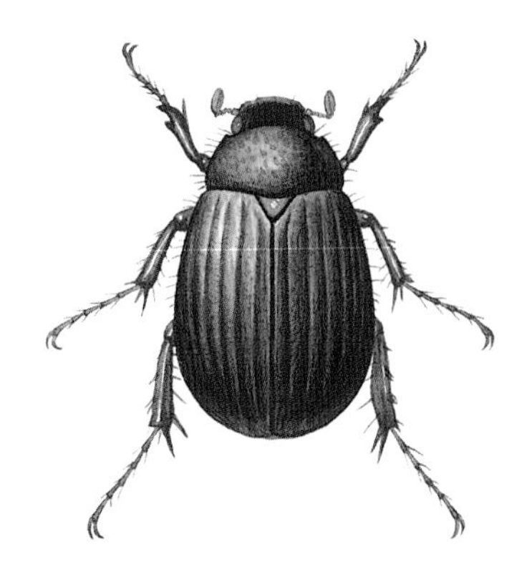

**우단풍뎅이아과**
**몸길이** 7~10mm
**나오는 때** 3~10월
**겨울나기** 모름

# 부산우단풍뎅이 *Maladera fusania*

부산우단풍뎅이는 몸이 알처럼 둥그렇다. 몸빛은 붉은 밤색이나 검은 밤색이다. 몸에는 비늘털이 나 있지만 쉽게 벗겨진다. 그러면 몸이 반짝거린다. 더듬이는 10마디이고, 끄트머리가 곤봉처럼 생겼다. 이름과는 달리 제주도를 포함한 온 나라에서 볼 수 있다.

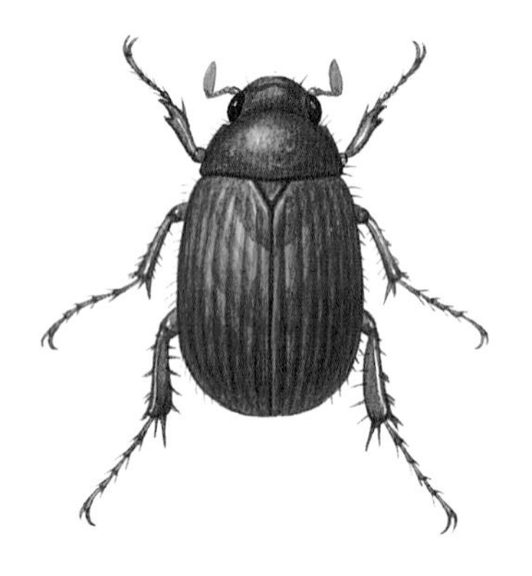

**우단풍뎅이아과**
**몸길이** 8~9mm
**나오는 때** 5~10월
**겨울나기** 어른벌레

## 빨간색우단풍뎅이 *Maladera verticalis*

빨간색우단풍뎅이는 이름처럼 온몸이 붉은 밤색이다. 앞가슴등판 양옆 가운데에는 작고 까만 점무늬가 있다. 딱지날개에는 잔털이 빽빽하게 나 있다. 수컷은 곤봉처럼 생긴 더듬이 길이가 자루 길이와 같고, 암컷은 더 짧다. 참나무가 많이 자라는 제주도를 포함한 온 나라 산이나 숲 가장자리에서 산다. 어른벌레는 밤에 나와 돌아다니고 어른벌레로 겨울을 난다.

**몸길이** 30～55mm
**나오는 때** 7～9월
**겨울나기** 애벌레

## 장수풍뎅이 *Allomyrina dichotoma*

장수풍뎅이는 우리나라 풍뎅이 가운데 가장 크다. 수컷은 머리에 긴 뿔이 나 있고 앞가슴등판에도 뿔이 나 있다. 머리 뿔은 사슴뿔처럼 가지가 있고, 가슴 뿔도 나뭇가지처럼 끝이 갈라진다. 암컷은 수컷보다 색이 더 짙고, 머리와 가슴등판에 뿔이 없다. 또 앞가슴등판에 Y자처럼 홈이 파였다. 온 나라 넓은잎나무 숲에 산다. 해가 지면 참나무에 모여들어 나뭇진을 먹고 짝짓기도 한다. 장수풍뎅이는 몸집이 커서 날 때 날 때 '부르르릉'하고 요란한 소리가 난다.

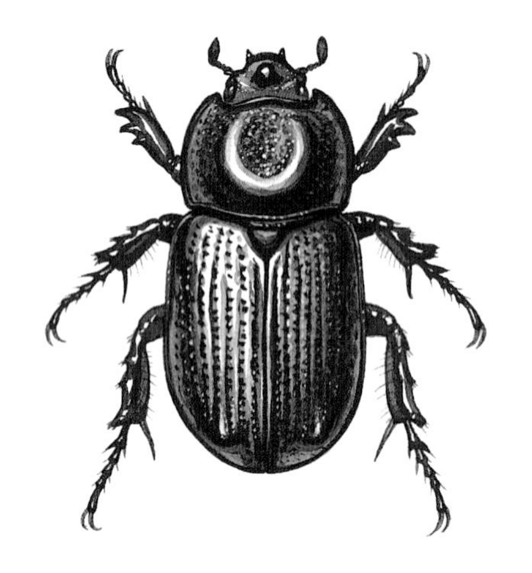

**몸길이** 18～24mm
**나오는 때** 6～9월
**겨울나기** 어른벌레

## 외뿔장수풍뎅이 *Eophileurus chinensis*

외뿔장수풍뎅이는 장수풍뎅이보다 몸집이 작고 뿔도 작다. 또 앞가슴등판 가운데가 움푹 파여 있다. 암컷은 뿔이 없다. 온 나라 낮은 산에서 볼 수 있다. 장수풍뎅이처럼 참나무 같은 나무에서 흘러나오는 나뭇진을 핥아 먹는다. 밤에는 불빛에 날아오기도 한다. 애벌레는 썩은 가랑잎이나 두엄 속에서 산다. 3령 애벌레로 겨울을 나고, 이듬해 6월 말에 번데기가 된다. 번데기가 되고 보름쯤 지나면 어른벌레가 되어 나온다.

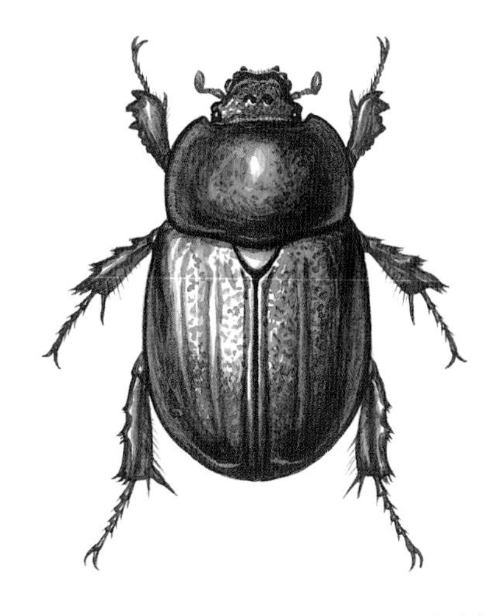

**몸길이** 20mm 안팎
**나오는 때** 6~8월
**겨울나기** 모름

## 둥글장수풍뎅이 *Pentodon quadridens*

둥글장수풍뎅이는 우리나라에서 쉽게 보기 어렵다. 장수풍뎅이 가운데 가장 몸집이 작다. 몸은 검은 밤색으로 살짝 반짝거린다. 다리와 더듬이, 수염은 검은 밤색이다. 더듬이는 10마디다. 이마에 아주 짧은 뿔이 돌기처럼 2개 솟았다. 머리방패 앞쪽 가운데가 넓고 깊게 파였다. 앞다리 종아리마디에 뾰족한 가시돌기가 3개 있다.

**풍뎅이아과**
**몸길이** 9~14mm
**나오는 때** 4~11월
**겨울나기** 애벌레, 어른벌레

## 주둥무늬차색풍뎅이 *Adoretus tenuimaculatus*

주둥무늬차색풍뎅이는 온몸이 붉은 밤색이고 짧고 가시 같은 누런 털로 덮여 있다. 하지만 털이 쉽게 벗겨지기 때문에 무늬가 안 보일 때도 있다. 제주도를 포함한 온 나라 넓은잎나무가 자라는 들이나 낮은 산에서 산다. 도시공원에서도 보인다. 봄부터 가을까지 낮에 나와 돌아다니며 밤나무나 참나무, 오리나무, 다래나무 같은 여러 가지 넓은잎나무 잎을 잎맥만 남기고 갉아 먹는다. 알에서 어른이 되는데 한두 해 걸린다. 어른벌레로 겨울을 난다.

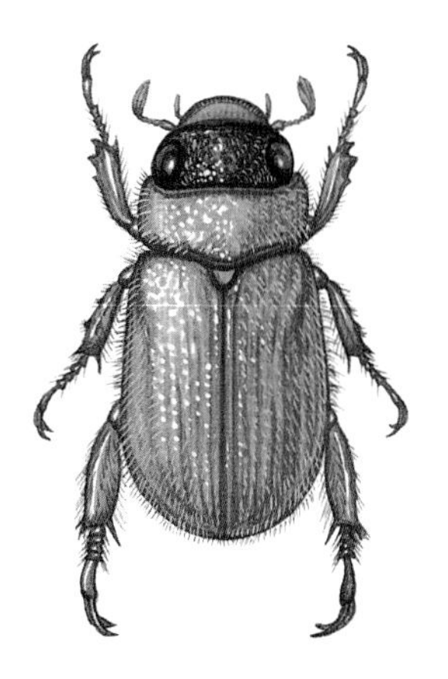

**풍뎅이아과**
**몸길이** 9~12mm
**나오는 때** 4~9월
**겨울나기** 모름

## 쇠털차색풍뎅이 *Adoretus hirsutus*

쇠털차색풍뎅이는 주둥무늬차색풍뎅이와 닮았다. 쇠털차색풍뎅이 몸은 옅은 밤색이나 누런 밤색이고, 이마와 발목마디는 검은 밤색이다. 딱지날개에 가늘고 긴 하얀 털이 빽빽하게 나 있다. 뒷다리 발목마디 발톱 길이가 서로 다르다. 중부 지방 아래쪽에서 산다.

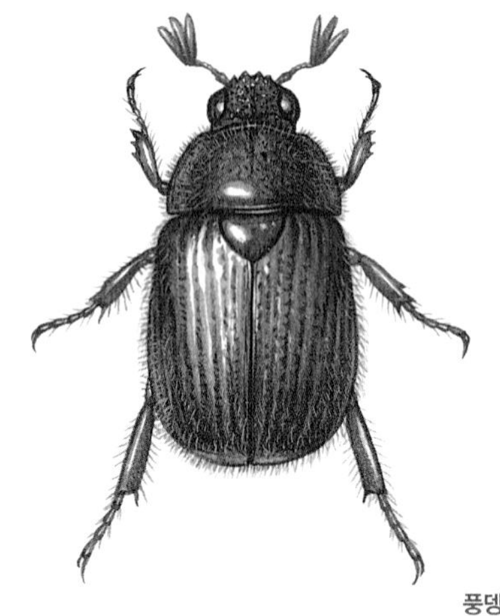

**풍뎅이아과**
**몸길이** 11～14mm
**나오는 때** 4～11월
**겨울나기** 애벌레

## 장수붙이풍뎅이 *Parastasia ferrieri*

장수붙이풍뎅이는 다른 풍뎅이보다 작은방패판이 크다. 몸은 붉은 밤색으로 반짝이고, 긴 누런 밤색 털이 많이 나 있다. 머리방패 앞쪽에 뾰족한 돌기가 4개 솟았다. 중부 지방 아래쪽에 있는 산에서 산다. 7~8월에 밤에 나와 돌아다닌다. 불빛을 보고 날아오기도 한다. 애벌레는 썩은 가랑잎을 파먹는다.

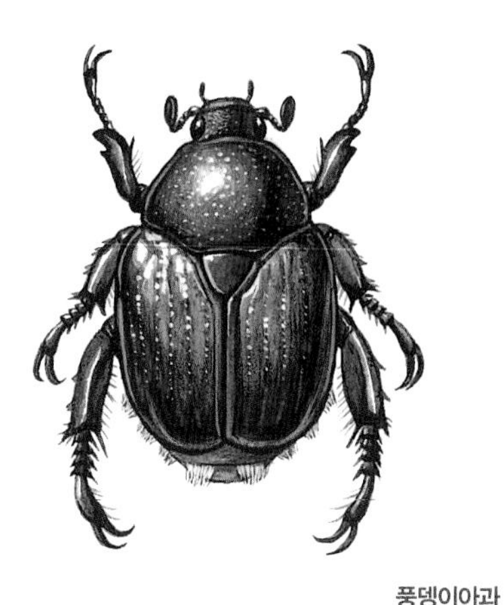

**풍뎅이아과**
**몸길이** 10~15mm
**나오는 때** 4~10월
**겨울나기** 어른벌레, 애벌레

## 참콩풍뎅이 *Popillia flavosellata*

참콩풍뎅이는 배 테두리에 하얀 점이 있어서 '흰점박이콩풍뎅이'라고도 한다. 하얀 털로 된 점무늬가 배 옆구리에 다섯 쌍, 배 꽁무니에 한 쌍 있다. 딱지날개에 앞쪽 가운데에 빨간 무늬가 있기도 하다. 제주도를 포함한 온 나라 산이나 들판에 산다. 6~7월에 가장 많이 볼 수 있다. 도시에서 자라는 무궁화 꽃에도 잘 날아온다. 여러 가지 꽃에 여러 마리가 모여 꽃가루를 먹는다. 애벌레는 땅속에서 식물 뿌리를 갉아 먹는다.

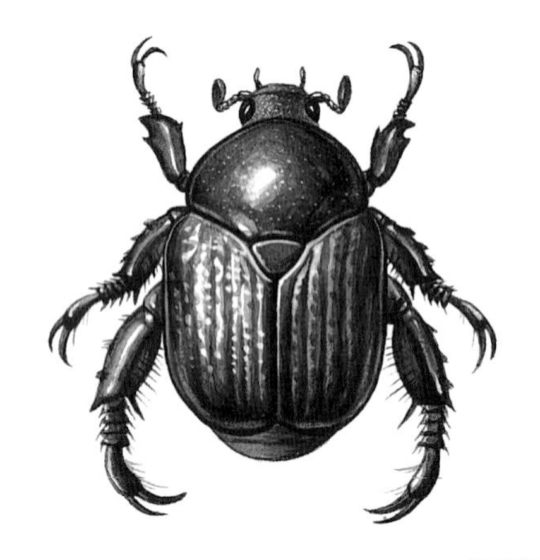

**풍뎅이아과**
**몸길이** 10～15mm
**나오는 때** 4～11월
**겨울나기** 어른벌레

## 콩풍뎅이 *Popillia mutans*

콩풍뎅이는 참콩풍뎅이와 아주 닮았다. 하지만 참콩풍뎅이보다 몸이 짧지만 더 넓고, 참콩풍뎅이와 달리 배 테두리에 하얀 털 뭉치가 없다. 또 뒷다리가 눈에 띄게 굵다. 배 양쪽과 끝은 날개 바깥으로 조금 튀어나온다. 앞가슴등판이 풀빛이 도는 남색인 것도 있다. 제주도와 울릉도를 포함한 온 나라에서 산다. 산이나 들판, 논밭, 냇가에서 봄부터 가을까지 볼 수 있다. 8월에 가장 많이 보인다. 여러 가지 꽃에 모여 꽃가루를 먹는다. 애벌레는 식물 뿌리를 갉아 먹는다.

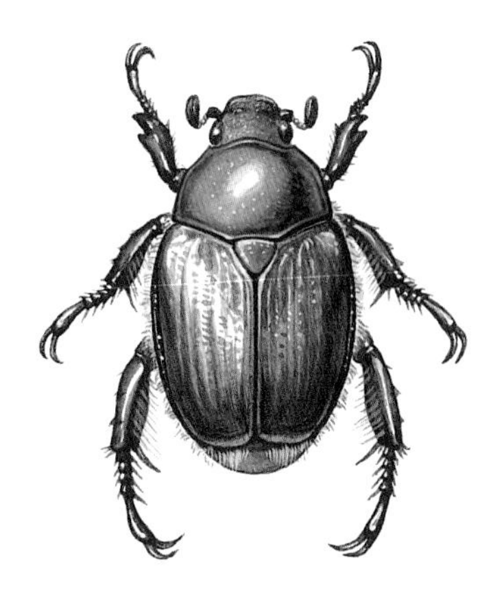

**풍뎅이아과**
**몸길이** 8～11mm
**나오는 때** 4～10월
**겨울나기** 모름

# 녹색콩풍뎅이 *Popillia quadriguttata*

녹색콩풍뎅이는 이름처럼 앞가슴등판이 풀색으로 번쩍거린다. 가끔 구릿빛이 도는 검정색이기도 하다. 다리는 구릿빛이거나 보랏빛이 도는 검정색이다. 하얀 털로 된 점무늬가 배 테두리에 있다. 제주도를 포함한 온 나라에서 산다. 냇가나 잔디밭, 논밭에서 볼 수 있다. 7월에 가장 많이 보인다. 애벌레는 땅속에서 풀이나 작은 나무뿌리를 갉아 먹는다.

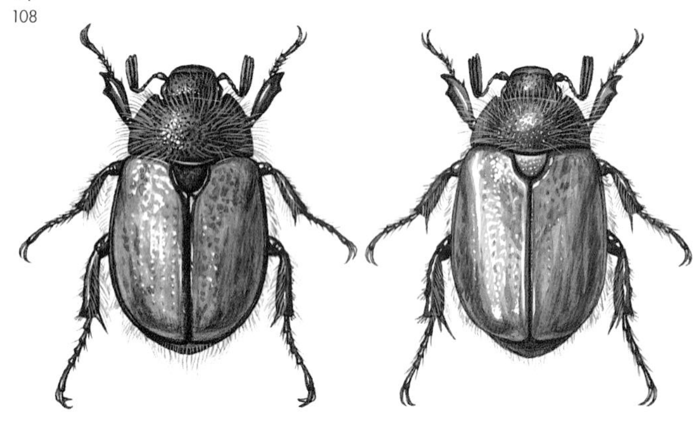

**풍뎅이아과**
**몸길이** 8～12mm
**나오는 때** 4～8월
**겨울나기** 어른벌레

# 참나무장발풍뎅이 *Proagopertha lucidula*

참나무장발풍뎅이는 딱지날개를 빼고 온몸에 기다란 누런 털이 잔뜩 나 있다. 온몸은 까맣거나 구릿빛이거나 풀빛을 띠는 검은색으로 반짝거린다. 딱지날개는 거의 반투명하다. 누런 밤색이고, 가장자리는 가늘게 까맣다. 제주도를 포함한 온 나라에서 볼 수 있다. 4~5월에 가장 많이 보인다. 애벌레는 식물 뿌리를 갉아 먹다가 가을에 어른벌레로 날개돋이 한다. 어른벌레로 겨울을 난다.

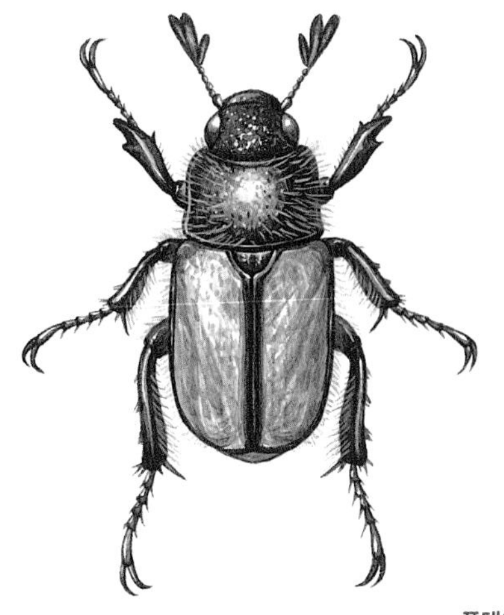

**풍뎅이아과**
**몸길이** 7～9mm
**나오는 때** 4～6월
**겨울나기** 모름

## 연다색풍뎅이 *Phyllopertha diversa*

연다색풍뎅이는 온몸이 까만데, 딱지날개, 더듬이, 발목마디는 누런 밤색이다. 머리와 앞가슴등판은 밤빛이 도는 검은색이다. 수컷은 곤봉처럼 생긴 더듬이 길이가 자루마디 길이와 비슷하다. 제주도를 포함한 온 나라에서 산다. 수컷은 많이 보이지만 암컷은 드물다. 어른벌레는 나뭇잎을 갉아 먹는다. 애벌레는 땅속에서 식물 뿌리를 갉아 먹는다. 농작물이나 나무 묘목 뿌리도 갉아 먹는다. 어른벌레로 날개돋이 하는 데 1~2년쯤 걸린다.

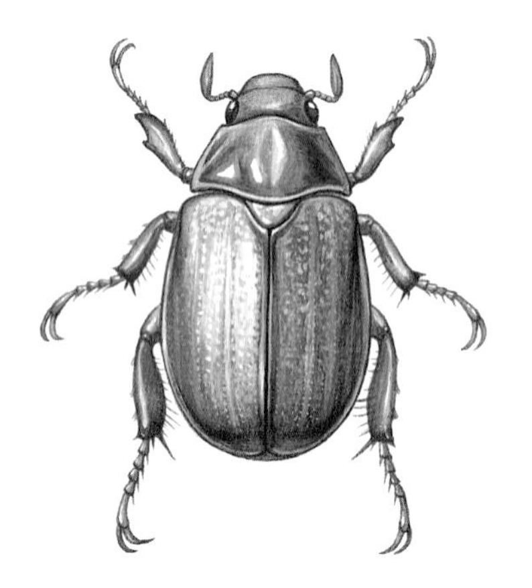

**풍뎅이아과**
**몸길이** 13~17mm
**나오는 때** 4~10월
**겨울나기** 모름

# 부산풍뎅이 *Mimela fusania*

부산풍뎅이는 온몸이 누런 풀빛으로 반짝거린다. 뒷머리와 앞가슴등판은 풀빛이다. 하지만 온몸이 누런 풀빛부터 붉은 밤색까지 색깔 변이가 있다. 딱지날개 앞쪽 가운데는 누런 풀빛이다. 딱지날개에 세로줄이 4줄씩 나 있다. 1970년 중반부터 수가 크게 줄었다. 낮은 산이나 숲 가장자리에서 참나무 잎을 갉아 먹는다.

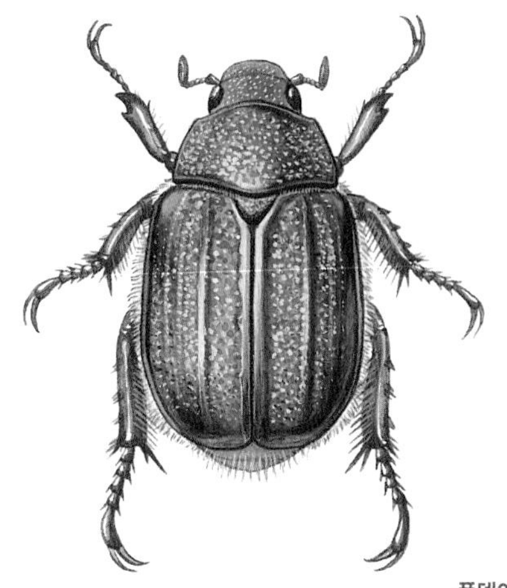

**풍뎅이아과**
**몸길이** 18~20mm
**나오는 때** 6~9월
**겨울나기** 애벌레

## 금줄풍뎅이 *Mimela holosericea*

금줄풍뎅이는 온몸이 풀빛을 띠고 반짝거리는데, 때때로 붉은 구릿빛, 보랏빛이 도는 구릿빛처럼 개체마다 조금씩 다르다. 딱지날개에 세로줄이 넉 줄씩 있는데, 가운데에 있는 한 줄이 가장 굵다. 별줄풍뎅이와 닮았지만, 별줄풍뎅이는 등에 있는 홈들이 훨씬 낮다. 또 딱지날개에 있는 세로줄이 모두 굵고, 배 쪽에 털이 많이 나 있다. 온 나라 높은 산에서 많이 보인다. 밤에 나와 돌아다니며, 불빛에 날아오기도 한다. 애벌레는 땅속에서 식물 뿌리를 갉아 먹는다.

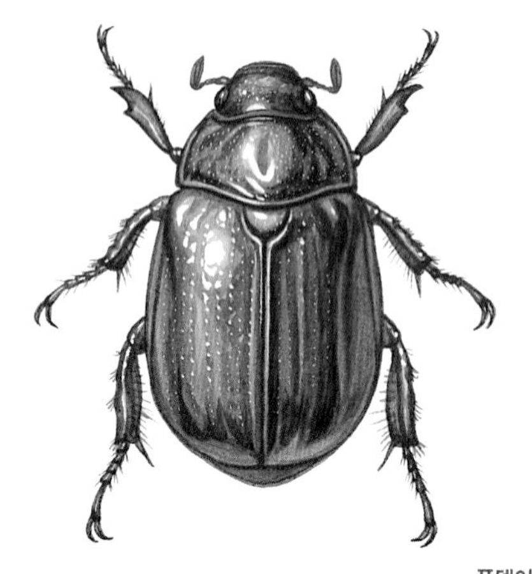

**풍뎅이아과**
**몸길이** 15～21mm
**나오는 때** 4～11월
**겨울나기** 애벌레

# 풍뎅이 *Mimela splendens*

풍뎅이는 온몸이 풀빛으로 번쩍거린다. 가끔 푸른 보랏빛이나 붉은 보랏빛을 띠기도 한다. 앞가슴등판 가운데에 짧고 낮은 도랑이 있다. 또 양옆 가운데쯤에 쭈글쭈글한 주름이 있다. 제주도를 포함한 온 나라에서 산다. 산보다는 강이나 시냇가 둘레 풀밭에서 자주 볼 수 있다. 낮에 풀이나 벚나무, 참나무, 오리나무, 버드나무 같은 나뭇잎을 뜯어 먹는다. 애벌레는 땅속에서 식물 뿌리를 갉아 먹는다. 어른벌레가 되는데 한두 해 걸린다.

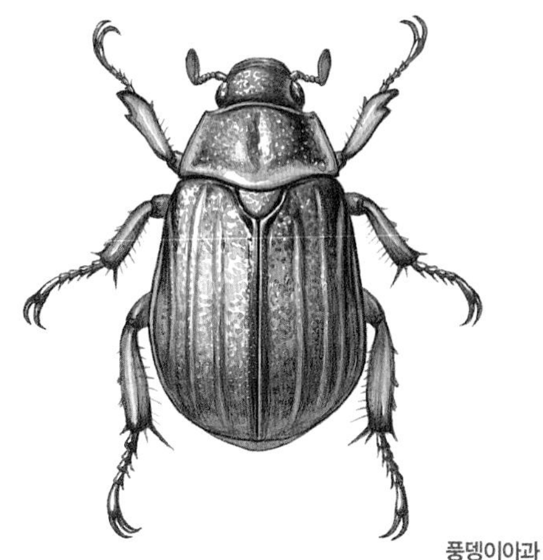

**풍뎅이아과**
**몸길이** 14~20mm
**나오는 때** 5~11월
**겨울나기** 애벌레

## 별줄풍뎅이 *Mimela testaceipes*

별줄풍뎅이는 몸빛이 풀색과 노란색으로 어우러져 있는데, 개체마다 조금씩 다르다. 딱지날개에는 굵고 뚜렷한 세로줄이 넉 줄씩 있다. 제주도와 울릉도를 포함한 온 나라에서 산다. 풀밭이나 낮은 산에서 볼 수 있다. 다른 풍뎅이보다 수가 많아서 쉽게 볼 수 있다. 해가 지고 나면 나와서 소나무, 삼나무 같은 바늘잎나무 잎을 갉아 먹는다. 아주 잘 날아서 밤에 불빛에 날아오기도 한다. 애벌레는 땅속에서 식물 뿌리를 갉아 먹는다.

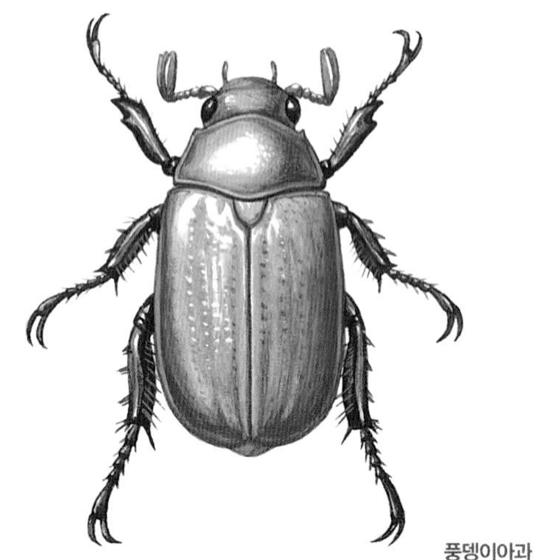

**풍뎅이아과**
**몸길이** 12～18mm
**나오는 때** 5～10월
**겨울나기** 모름

## 등노랑풍뎅이 *Callistethus plagiicollis*

등노랑풍뎅이는 온몸이 노랗게 반짝거린다. 다리는 까맣게 푸르스름하다. 머리방패와 앞가슴등판 가장자리는 풀빛이 돈다. 우리나라에 사는 풍뎅이 가운데 등노랑풍뎅이만 등이 온통 노랗다. 제주도를 포함한 온 나라에서 볼 수 있다. 낮은 산이나 논밭, 냇가에서 산다. 어른벌레는 5월부터 10월까지 보이는데 7월에 가장 많이 보인다. 낮에는 주로 나뭇잎에 앉아 있다. 밤에 불빛으로 날아오기도 한다. 애벌레는 땅속에서 식물 뿌리를 갉아 먹는다.

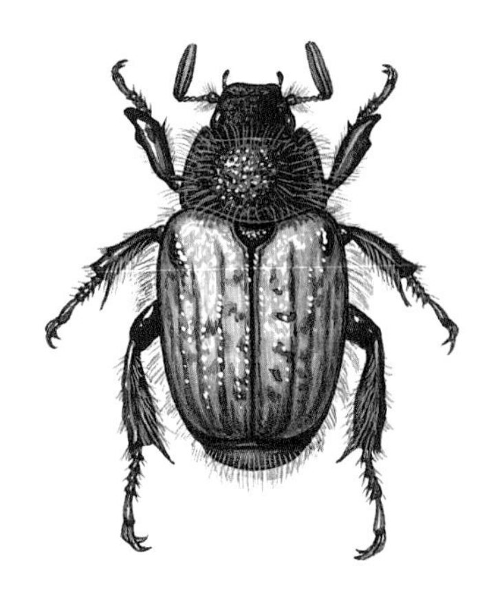

**풍뎅이아과**
**몸길이** 8~11mm
**나오는 때** 4~10월
**겨울나기** 어른벌레

## 어깨무늬풍뎅이 *Blitopertha conspurcata*

어깨무늬풍뎅이는 이름처럼 딱지날개 어깨 쪽에 자그마한 까만 무늬가 있다. 온몸은 구릿빛이고 기다란 털로 덮여 있다. 몸 아랫면과 옆구리에 하얀 털이 잔뜩 나 있다. 머리와 앞가슴등판은 까맣다. 딱지날개가 짧아서 배마디 끝이 드러난다. 제주도를 포함한 온 나라에서 산다. 낮은 산이나 들판에서 볼 수 있다. 낮에 나와 돌아다닌다. 4~10월까지 꽃에 날아와 꽃가루를 먹는다.

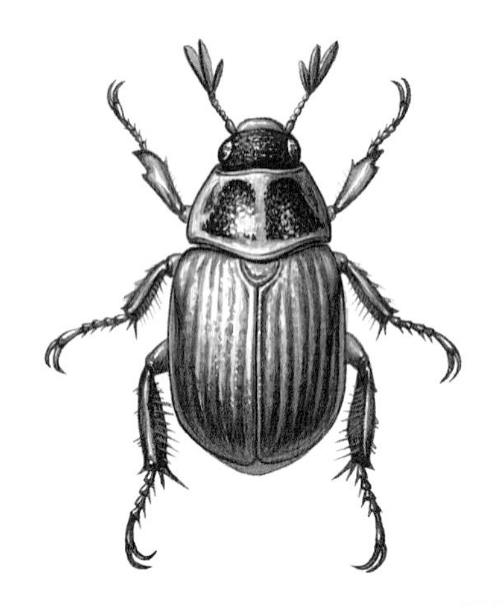

**풍뎅이아과**
**몸길이** 8~13mm
**나오는 때** 3~11월
**겨울나기** 어른벌레

# 연노랑풍뎅이 *Blitopertha pallidipennis*

연노랑풍뎅이는 등얼룩풍뎅이와 닮았다. 등얼룩풍뎅이는 딱지날개에 있는 까만 점무늬 2~3줄이 부채꼴로 나 있어서 다르다. 연노랑풍뎅이는 앞가슴등판에 까만 무늬가 2개 있다. 하지만 온몸이 까만 것도 있다. 딱지날개에는 무늬가 없고 세로줄이 7~8개씩 있다. 둘은 생김새만 닮은 것이 아니라 사는 곳이나 먹이도 비슷하다. 본디 우리나라에는 연노랑풍뎅이가 아주 많고 등얼룩풍뎅이가 드물었다. 하지만 요즘은 골프장이 늘면서 잔디 뿌리를 먹는 등얼룩풍뎅이가 많아지고 있다.

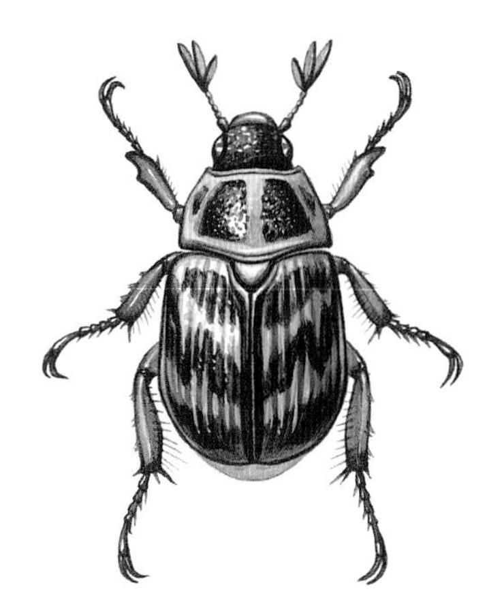

**풍뎅이아과**
**몸길이** 8～13mm
**나오는 때** 3～11월
**겨울나기** 어른벌레

# 등얼룩풍뎅이 *Blitopertha orientalis*

등얼룩풍뎅이는 개체마다 몸빛이 많이 다르다. 온몸이 까맣기도 하고, 밤색이기도 하다. 딱지날개에 있는 까만 얼룩무늬도 저마다 다르다. 물가 둘레나 들판, 논밭, 숲 가장자리에서 산다. 5~6월에는 도시공원에서도 볼 수 있다. 낮에 나와서 나뭇잎이나 풀잎을 갉아 먹는다. 밤에 불빛을 보고 잘 날아온다. 위험을 느끼면 뒷다리를 번쩍 들어 겁을 준다. 애벌레는 땅속에서 잔디 뿌리나 논밭에 심은 곡식이나 채소 뿌리를 갉아 먹는다. 어른벌레가 되는데 한두 해 걸린다.

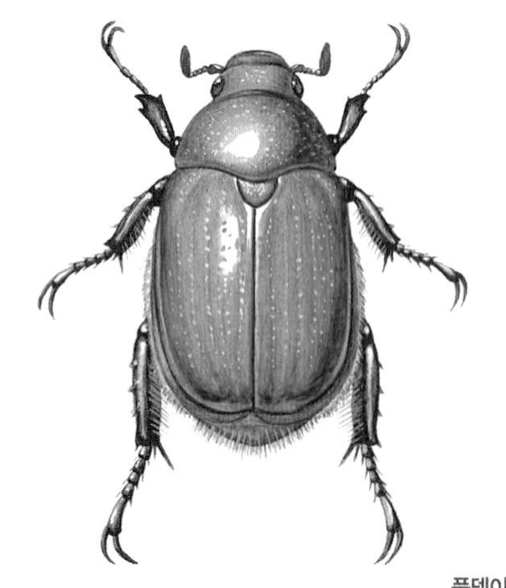

**풍뎅이아과**
**몸길이** 18~25mm
**나오는 때** 6~8월
**겨울나기** 모름

## 청동풍뎅이 *Anomala albopilosa*

청동풍뎅이는 온몸이 풀색이거나 붉은빛이 도는 풀색인데, 개체마다 다르다. 배 쪽은 붉은 구릿빛이나 풀빛을 띠고 노란색 긴 털이 나 있다. 앞가슴등판 앞쪽 모서리가 크게 튀어나왔다. 딱지날개에는 세로줄이 없이 매끈하다. 제주도와 울릉도를 포함한 온 나라에서 산다. 들판이나 낮은 산 어디에서나 볼 수 있다. 밤에 불빛에도 날아온다. 애벌레는 땅속에서 식물 뿌리를 갉아 먹는다.

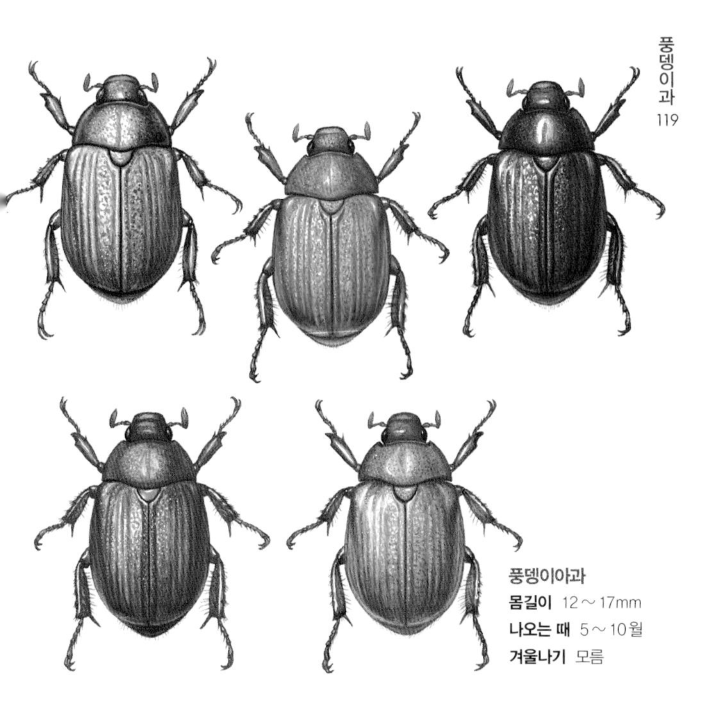

**풍뎅이아과**
**몸길이** 12 ~ 17mm
**나오는 때** 5 ~ 10월
**겨울나기** 모름

## 카멜레온줄풍뎅이 *Anomala chamaeleon*

카멜레온줄풍뎅이는 우리나라 풍뎅이과 무리 가운데 가장 흔하다. 몸은 풀색, 누런 풀색, 검은 보라색까지 저마다 다르다. 딱지날개 테두리는 불룩 솟았다. 배마디 처음 세 마디 양옆에 둑처럼 생긴 이랑이 있어서 다른 종과 다르다. 제주도를 포함한 온 나라에서 산다. 들판이나 낮은 산 풀밭이나 수풀에서 볼 수 있다. 여러 가지 나뭇잎과 풀을 갉아 먹는다. 밤에 불빛에도 날아온다. 애벌레는 땅속에서 식물 뿌리를 갉아 먹는다.

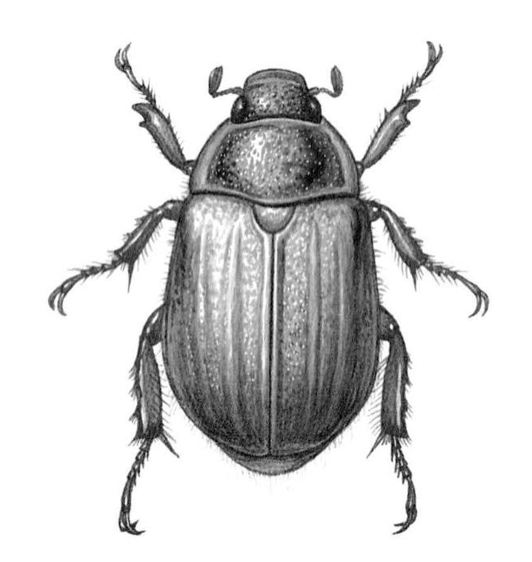

**풍뎅이아과**
**몸길이** 16～22mm
**나오는 때** 봄～가을
**겨울나기** 모름

## 다색줄풍뎅이 *Anomala corpulenta*

다색줄풍뎅이는 앞가슴등판 양옆이 누런 밤색이고 가운데는 풀빛이다. 딱지날개는 누런 밤색을 띠는 풀색으로 반짝거린다. 딱지날개에는 세로줄이 4개씩 있다. 딱지날개 양옆 가장자리에 튀어나온 선은 뒤쪽 가장자리까지 이어진다. 제주도를 포함한 온 나라에서 볼 수 있다. 밤에 나와 돌아다닌다. 도시 불빛을 보고 날아오기도 한다.

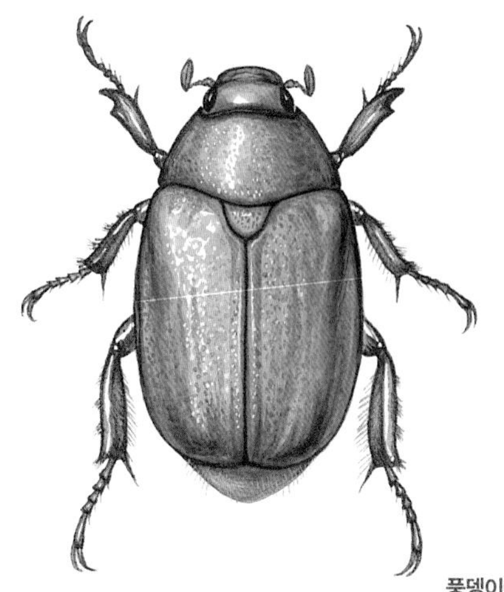

**풍뎅이아과**
**몸길이** 20~26mm
**나오는 때** 6~10월
**겨울나기** 모름

## 해변청동풍뎅이 *Anomala japonica*

해변청동풍뎅이는 청동풍뎅이와 생김새가 아주 닮았지만, 다리가 붉은 밤색을 띠어서 다르다. 몽고청동풍뎅이와도 닮았다. 등은 밝은 풀색이나 짙은 풀색인데, 배 쪽과 다리는 구릿빛이 도는 밤색이나 붉은색이다. 해변청동풍뎅이는 이름처럼 바닷가나 섬에서 볼 수 있다. 중부 지방 아래쪽과 제주도에서 산다. 생김새가 닮은 몽고청동풍뎅이는 주로 내륙 지방에서 볼 수 있다.

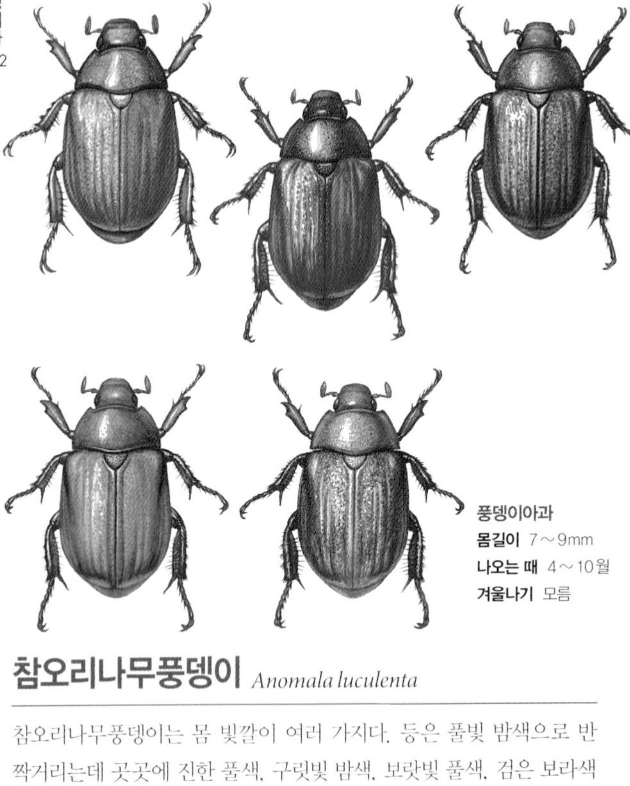

**풍뎅이아과**
**몸길이** 7~9mm
**나오는 때** 4~10월
**겨울나기** 모름

# 참오리나무풍뎅이 *Anomala luculenta*

참오리나무풍뎅이는 몸 빛깔이 여러 가지다. 등은 풀빛 밤색으로 반짝거리는데 곳곳에 진한 풀색, 구릿빛 밤색, 보랏빛 풀색, 검은 보라색 같은 변이가 심하다. 아랫면은 검은 풀색이나 검은 구릿빛이다. 딱지날개 옆 가장자리에 튀어나온 돌기는 딱지날개 가운데쯤에서 끝난다. 제주도와 울릉도를 포함한 온 나라에서 산다. 어른벌레는 여름에 많이 보인다. 밤에 불빛으로 날아오기도 한다. 애벌레는 식물 뿌리를 갉아 먹는다.

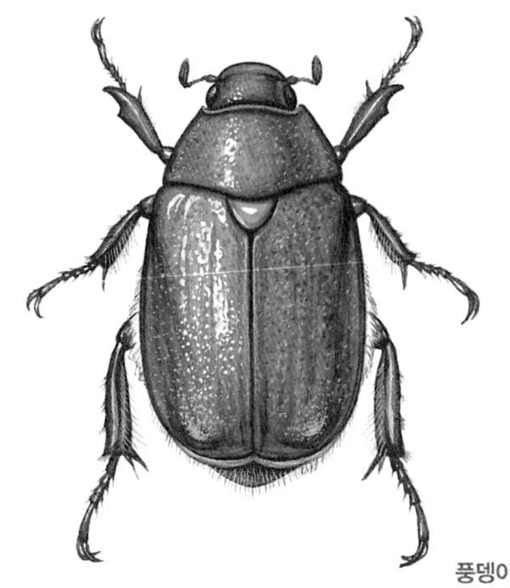

**풍뎅이아과**
**몸길이** 17～25mm
**나오는 때** 5～10월
**겨울나기** 모름

## 몽고청동풍뎅이 *Anomala mongolica*

몽고청동풍뎅이는 몸이 뚱뚱하고 등은 검은 풀빛을 띠는데 붉은빛이나 구릿빛이 섞여 반짝거린다. 아랫면은 구릿빛이나 검붉은 색이고, 다리는 구릿빛이 도는 풀색이다. 제주도와 울릉도를 포함한 온 나라에서 산다. 들판이나 산 어귀 풀섶에서 볼 수 있다. 밤이 되면 느릿느릿 기어 다니면서 풀잎이나 나뭇잎을 갉아 먹는다. 낮에는 나뭇잎이나 풀잎에 매달려 있거나 땅속에 숨어 있어서 눈에 잘 띄지 않는다. 불빛으로 날아오기도 한다. 애벌레는 땅속에서 풀이나 나무 뿌리를 갉아 먹고 산다.

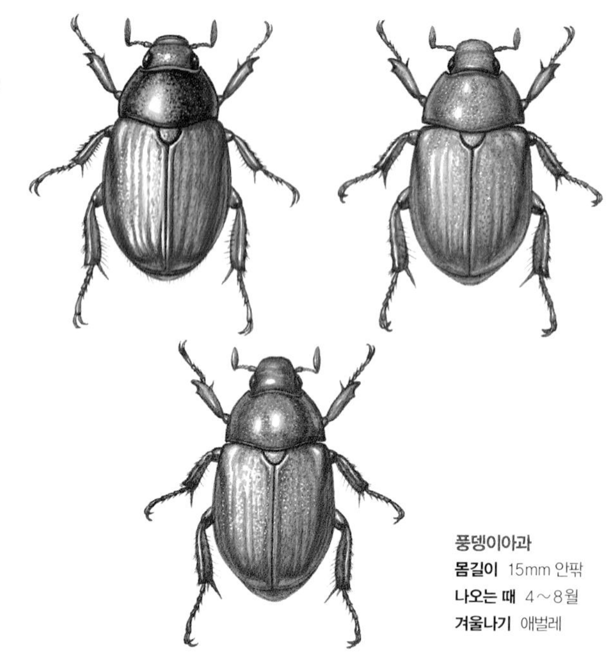

**풍뎅이아과**
**몸길이** 15mm 안팎
**나오는 때** 4~8월
**겨울나기** 애벌레

# 오리나무풍뎅이 *Anomala rufocuprea*

오리나무풍뎅이는 몸빛이 짙은 풀색이나 풀빛이 도는 밤색이다. 온몸은 쇠붙이처럼 반짝거린다. 딱지날개 옆 가장자리에 튀어나온 돌기는 딱지날개 2/3쯤 되는 곳에서 끝난다. 중부 지방 밑에서 산다. 제주도에서는 안 보인다. 어른벌레는 7월부터 보이고 8월에 가장 많다. 오리나무, 감나무, 포도나무, 콩 같은 잎을 갉아 먹는다. 애벌레는 보리, 밀, 옥수수, 콩, 묘목 뿌리를 갉아 먹는다. 한 해에 한 번 날개돋이 한다. 애벌레로 겨울을 난다.

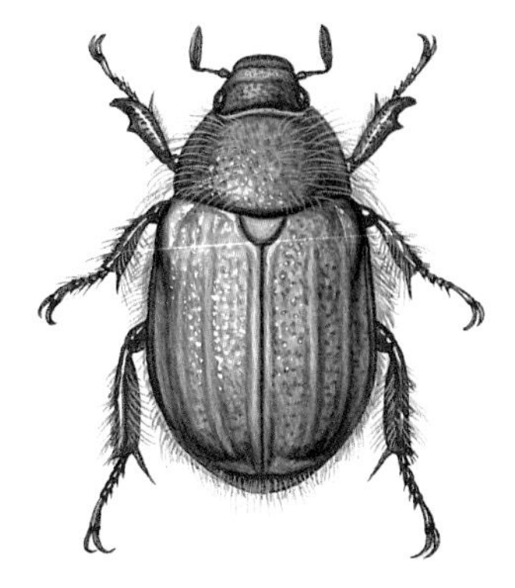

**풍뎅이아과**
**몸길이** 11 ~ 14mm
**나오는 때** 4 ~ 9월
**겨울나기** 어른벌레

## 대마도줄풍뎅이 *Anomala sieversi*

대마도줄풍뎅이는 딱지날개에 세로줄이 3줄씩 뚜렷하게 나 있고, 점무늬가 촘촘하다. 몸은 푸르스름한 풀빛, 밤색 풀빛처럼 개체에 따라 변이가 많다. 앞가슴등판과 배 쪽, 딱지날개 가장자리에 긴 누런 털이 빽빽하게 나 있다. 제주도를 포함한 온 나라에서 산다. 어른벌레는 넓은잎나무 꽃을 갉아 먹는다. 애벌레는 오리나무, 참나무, 아까시나무, 벚나무 같은 나무뿌리를 갉아 먹는다.

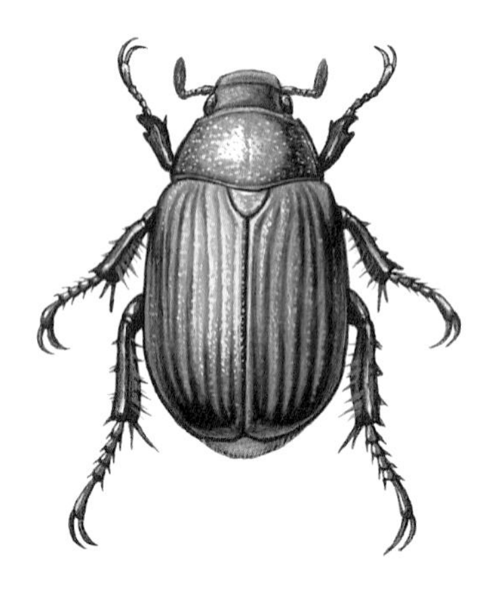

**풍뎅이아과**
**몸길이** 11 ~ 16mm
**나오는 때** 5 ~ 11월
**겨울나기** 애벌레

# 홈줄풍뎅이 *Bifurcanomala aulax*

홈줄풍뎅이는 온몸이 구릿빛이 도는 풀색이나 붉은빛으로 반짝거리는 개체가 많고, 보랏빛이나 검은 남색을 띠기도 한다. 딱지날개에 세로로 파인 홈이 10줄씩 있다. 아랫면과 다리는 풀빛 밤색이나 짙은 밤색이다. 제주도를 포함한 온 나라에서 산다. 들판 풀밭이나 낮은 산에서 보인다. 낮에 나와 잎을 갉아 먹고 나뭇잎에 앉아 쉬기도 한다. 밤에 불빛에도 잘 날아온다.

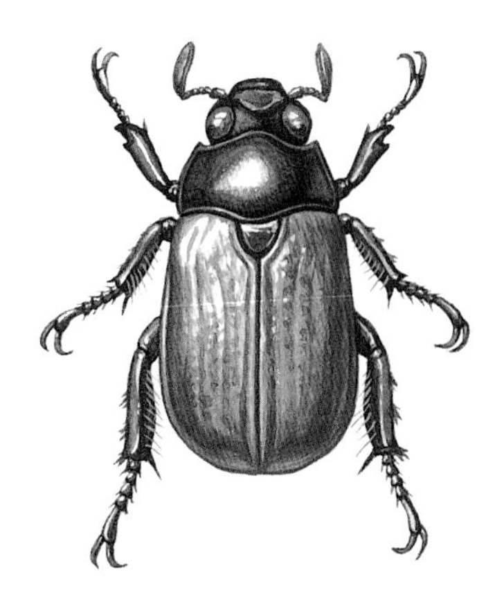

**풍뎅이아과**
**몸길이** 14～16mm
**나오는 때** 6～8월
**겨울나기** 애벌레

## 제주풍뎅이 *Chejuanomala quelparta*

제주풍뎅이는 이름처럼 제주도에서만 산다. 앞가슴등판은 검푸른빛으로 반짝거리고, 딱지날개는 짙은 밤색이다. 밤에 나와 돌아다니며, 다리는 구릿빛이 도는 풀빛이다. 한라산 200~700m 높이에서 산다. 6월에 많이 보이고, 그 뒤로는 잘 안 보인다. 불빛에도 잘 날아온다.

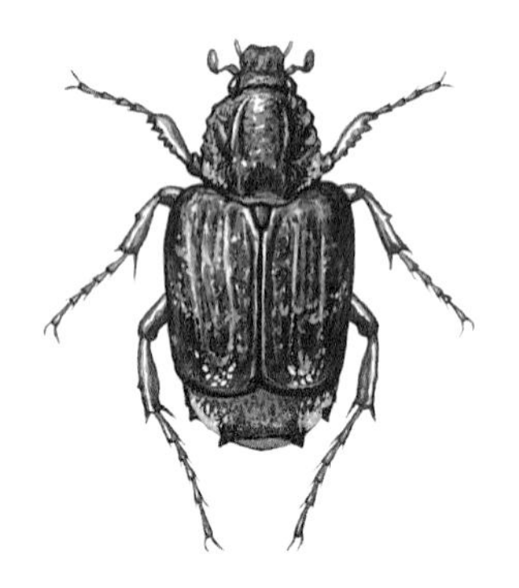

**넓적꽃무지아과**
**몸길이** 4~7mm
**나오는 때** 4~7월
**겨울나기** 어른벌레

## 넓적꽃무지 *Nipponovalgus angusticollis*

넓적꽃무지는 참넓적꽃무지와 닮았다. 넓적꽃무지는 종아리마디가 까매서 다르다. 또 앞다리 종아리마디에 가시돌기가 7개 있다. 앞가슴등판 폭이 딱지날개 폭보다 좁다. 어른벌레는 산속 풀숲에서 산다. 수컷은 낮에 여러 가지 꽃을 찾아 돌아다닌다. 꽃을 파고 들어가 꽃가루를 먹는다. 암컷은 썩은 나무속에 머물러 있다. 짝짓기를 마친 암컷은 썩은 소나무에 알을 낳는다. 애벌레는 소나무 껍질 밑을 파먹으면서 자란다. 나무껍질 밑에서 어른벌레가 되어 겨울을 난다.

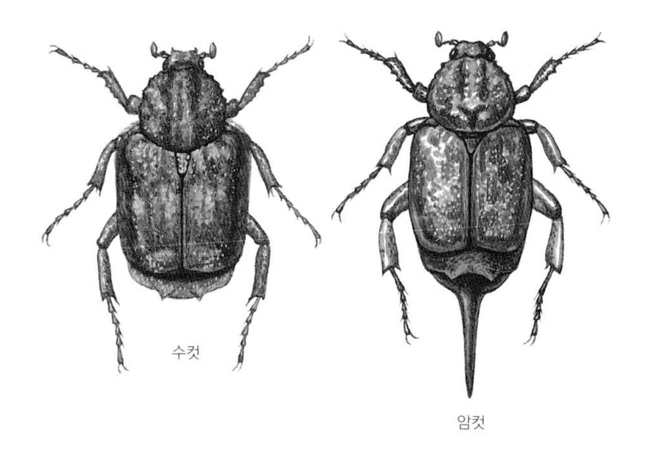


**넓적꽃무지아과**
**몸길이** 7~9mm
**나오는 때** 3~5월
**겨울나기** 모름

# 참넓적꽃무지 *Valgus koreanus*

참넓적꽃무지는 우리나라에만 사는 꽃무지다. 몸빛은 까만데, 암컷 딱지날개는 짙은 밤빛을 띠기도 한다. 온몸은 털이나 비늘로 덮여 있다. 앞다리 종아리마디에 있는 가시돌기가 5개다. 수컷은 머리가 아래쪽으로 많이 숙인다. 암컷은 산란관이 길고 단단하고, 톱날처럼 생겼다.

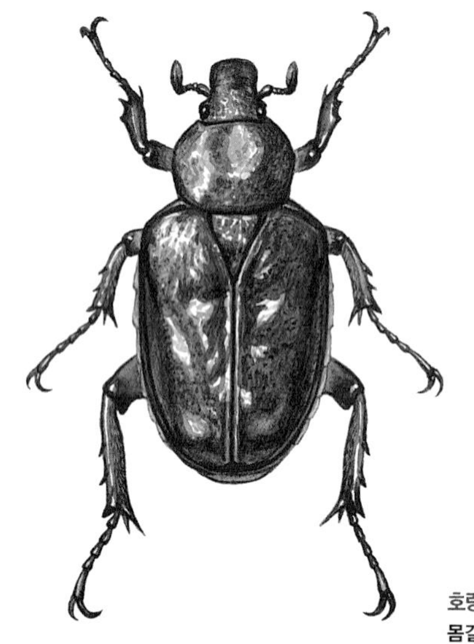

**호랑꽃무지아과**
**몸길이** 22～35mm
**나오는 때** 7～8월
**겨울나기** 애벌레

## 큰자색호랑꽃무지 *Osmoderma opicum*

큰자색호랑꽃무지는 몸집이 크다. 몸은 검은 밤색이나 붉은 밤색이고 검은 보랏빛이 어른거리며 반짝거린다. 앞가슴등판 앞쪽이 팔각형처럼 생겼다. 앞가슴등판 앞쪽 가운데가 넓게 파여서 마치 굵게 솟은 세로줄이 2개 있는 것 같다. 어른벌레는 강원도와 경상북도 높은 산에서 드물게 볼 수 있다. 수가 적어서 멸종위기 2급으로 정해서 보호하고 있다. 손으로 만지면 몸에서 사향 냄새가 난다. 유럽에서는 단풍나무류의 썩은 옹이나 둥치에서 애벌레와 어른벌레가 발견된다고 알려졌다.

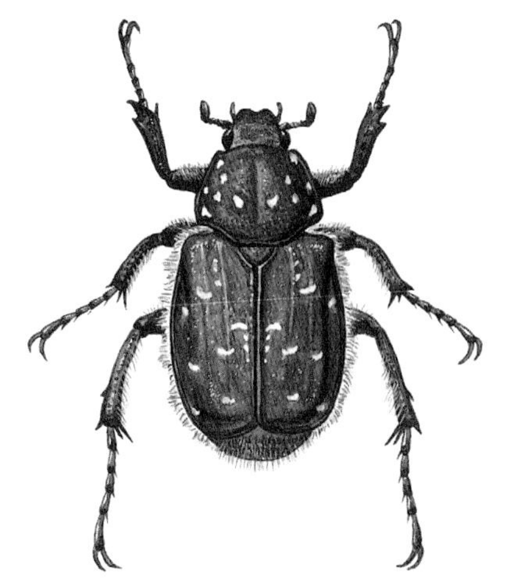

**호랑꽃무지아과**
**몸길이** 15～22mm
**나오는 때** 5～9월
**겨울나기** 애벌레

# 긴다리호랑꽃무지 *Gnorimus subopacus*

긴다리호랑꽃무지는 이름처럼 뒷다리가 아주 길다. 몸은 풀빛이나 구릿빛이 도는 밤색인데 반짝거리지 않는다. 딱지날개는 밤색이고, 하얀 무늬가 있다. 딱지날개에는 세로로 솟은 선이 2개씩 있다. 제주도를 포함한 온 나라에서 산다. 어른벌레는 산에서 볼 수 있다. 낮에 꽃에 날아와 꽃가루를 먹고, 참나무 나뭇진에도 모여든다. 애벌레는 땅속에서 썩은 나무 부스러기를 먹고 자란다.

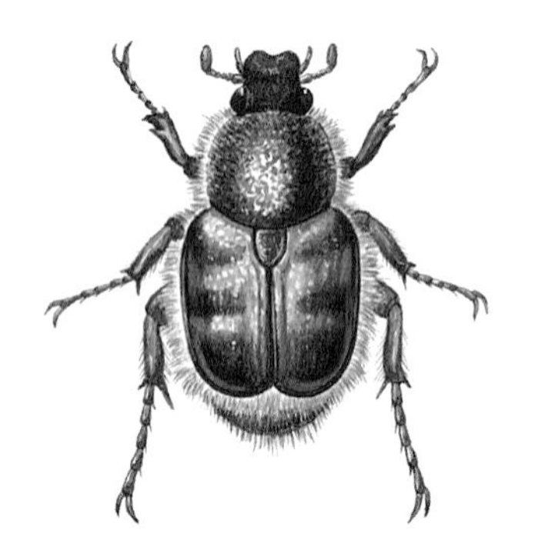

**호랑꽃무지아과**
**몸길이** 8～13mm
**나오는 때** 4～10월
**겨울나기** 애벌레

# 호랑꽃무지 *Lasiotrichius succinctus*

호랑꽃무지는 온몸이 까맣고 노란 털이 빽빽하게 나 있다. 딱지날개는 누런 밤색이고, 누런 가로무늬가 3줄 있다. 제주도와 울릉도를 포함한 온 나라에서 산다. 어른벌레는 봄부터 꽃이 피는 곳이면 어디에서든지 쉽게 볼 수 있다. 6월에 가장 많이 보인다. 맑은 날 낮에 꽃에 날아와 꽃가루를 먹는다. 생김새가 꼭 벌을 닮아서 천적을 피한다. 짝짓기를 마친 암컷은 죽은 나무에 알을 낳는다. 애벌레는 썩은 나무속을 파먹고 산다. 어른벌레가 되는데 한두 해 걸린다.

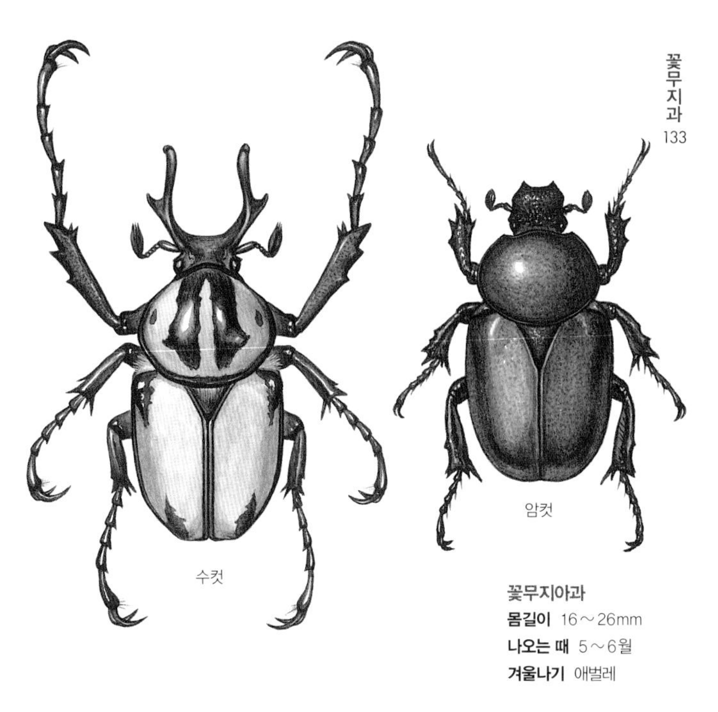


**꽃무지아과**
**몸길이** 16～26mm
**나오는 때** 5～6월
**겨울나기** 애벌레

# 사슴풍뎅이 *Dicranocephalus adamsi*

사슴풍뎅이는 수컷 머리에 사슴뿔처럼 생긴 뿔이 나 있다. 앞가슴등판에는 까만 세로줄이 두 줄 있다. 온몸은 까만데, 겉에 허연 가루가 덮여 있다. 암컷은 뿔이 없고, 온몸은 까만 붉은 밤색이다. 수컷은 앞다리가 뒷다리보다 더 길다. 나뭇진이 흐르는 나무에 잘 모인다. 과일즙을 핥아 먹기도 한다. 한 나무에 여러 마리가 모이기도 한다. 위험을 느끼면 기다란 앞다리를 앞으로 번쩍 들어 겁을 준다. 암컷과 짝짓기 하려고 수컷끼리 서로 앞다리를 들고 싸운다.

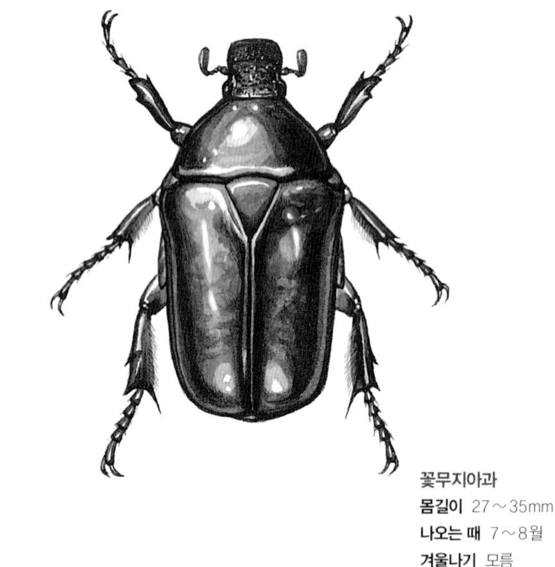

**꽃무지아과**
**몸길이** 27~35mm
**나오는 때** 7~8월
**겨울나기** 모름

## 검정풍이 *Rhomborrhina polita*

검정풍이는 풍이와 생김새가 닮았다. 하지만 검정풍이는 몸빛이 검정색으로 반짝거리고, 가운데가슴 배 쪽에 있는 돌기가 짧고 넓다. 머리방패는 기다란 사각형으로 생겼다. 검정풍이는 7~8월에 나뭇진에 모인다. 풍이보다 아주 드물게 볼 수 있다. 풍뎅이 무리는 딱지날개를 활짝 펼치고 나는데, 꽃무지 무리는 딱지날개를 펼치지 않은 채 옆으로 뒷날개가 삐져나와 난다.

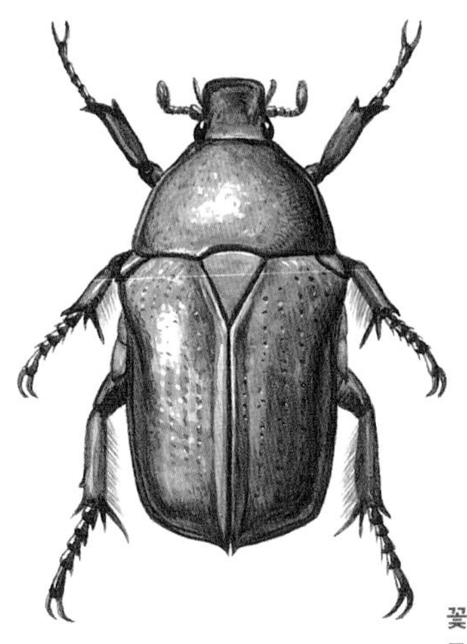

**꽃무지아과**
**몸길이** 25~33mm
**나오는 때** 5~9월
**겨울나기** 애벌레

## 풍이 *Pseudotorynorrhina japonica*

풍이는 온몸이 구릿빛이 도는 풀색이다. 더러 보랏빛을 띠기도 한다. 어른벌레는 늦봄부터 가을까지 산에서 볼 수 있다. 낮에 참나무나 살구나무, 포도나무에 잘 모여 나뭇진을 핥아 먹는다. 잘 익은 과일에도 날아온다. 음식 쓰레기 냄새를 맡고 도시에 날아오기도 한다. 짝짓기를 마친 암컷은 썩은 나무나 볏단에 알을 낳는다. 어른벌레가 되는데 한두 해 걸린다. 뭍에서는 잘 보이지 않고, 제주도나 섬에서는 제법 볼 수 있다.

섬꽃무지
*Cetonia pilifera pilifera*

**꽃무지아과**
**몸길이** 14～20mm
**나오는 때** 4～11월
**겨울나기** 어른벌레

# 꽃무지 *Cetonia pilifera*

꽃무지는 온몸이 붉은 밤색인데 풀빛이 돌거나 풀빛 가루가 덮여 있다. 온몸에는 가늘고 긴 털이 잔뜩 나 있다. 딱지날개에는 하얀 점이 바깥 가장자리를 따라 여러 개 마주 나 있고, 세로로 난 홈 줄이 3개씩 뚜렷하게 나 있다. 가운데가슴 배 쪽에 있는 돌기 앞쪽이 원추형으로 튀어나왔고, 제주도와 남해안에 살면 섬꽃무지다. 어른벌레는 낮은 산과 산 둘레 풀밭에서 산다. 4월부터 여러 가지 꽃에 날아와 꽃가루를 먹는다.

**꽃무지아과**
**몸길이** 17～22mm
**나오는 때** 4～9월
**겨울나기** 애벌레

## 흰점박이꽃무지 *Protaetia brevitarsis seulensis*

흰점박이꽃무지는 몸이 검은 구릿빛이 도는 붉은 밤색으로 번쩍거린다. 앞가슴등판과 딱지날개에는 하얀 무늬가 흩어져 있다. 딱지날개 가운데에 있는 제법 굵고 뚜렷한 세로줄이 뒤쪽에서 갑자기 끊어진다. 제주도와 울릉도를 포함한 온 나라에서 산다. 낮은 산에서 볼 수 있다. 붕붕 소리를 내며 잘 난다. 나뭇진이나 썩은 과일에 날아와 즙을 핥아 먹는다. 짝짓기를 마친 암컷은 두엄 더미나 가랑잎 더미 속, 썩은 나무 밑에 알을 낳는다. 어른벌레로 날개돋이 하는데 1 ~ 2년 걸린다.

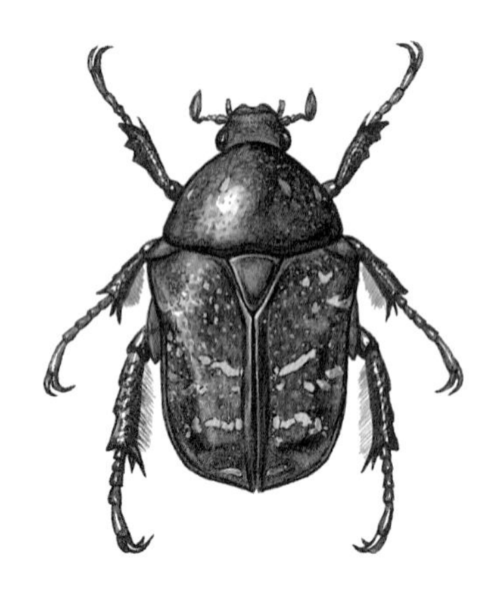

**꽃무지아과**
**몸길이** 8~10mm
**나오는 때** 5~10월
**겨울나기** 모름

## 아무르점박이꽃무지 *Protaetia famelica scheini*

아무르점박이꽃무지는 몸이 어두운 풀빛으로 반짝거린다. 머리방패 앞쪽으로 좁아지고, 앞 가장자리가 위로 휘어지며 가운데가 깊게 파였다. 딱지날개에는 누런 무늬가 흩어져 있고, 앞쪽 어깨와 뒤쪽이 불룩 솟았다. 제주도를 포함한 온 나라에서 산다.

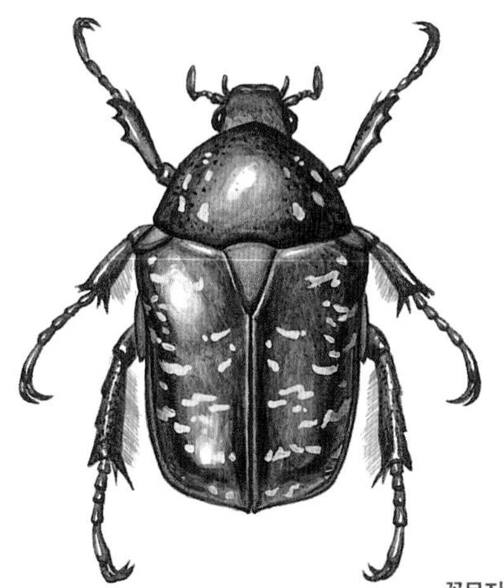

꽃무지아과
**몸길이** 19～24mm
**나오는 때** 5～9월
**겨울나기** 모름

## 매끈한점박이꽃무지 *Protaetia lugubris*

매끈한점박이꽃무지는 온몸이 어두운 구릿빛이 도는 풀색으로 반짝거린다. 털과 홈이 거의 없어서 매끈하다. 머리방패 앞쪽 가장자리는 반듯하고 위로 솟아올랐다. 딱지날개에 있는 하얀 무늬는 아주 가늘다. 중부와 남부 지방, 울릉도에서 산다. 다른 꽃무지와 사는 모습이 비슷하다.

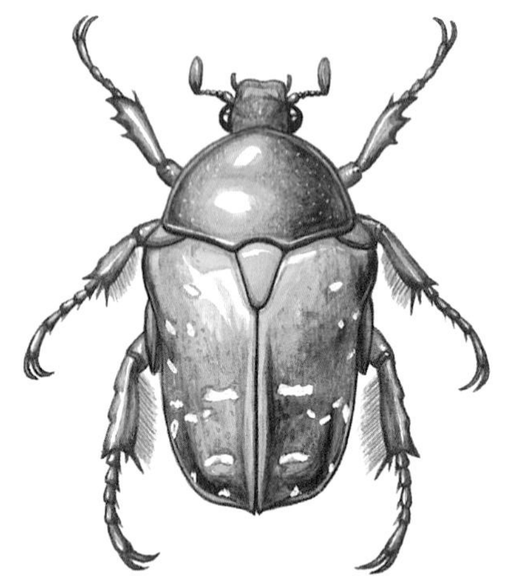

**꽃무지아과**
**몸길이** 22~28mm
**나오는 때** 4~9월
**겨울나기** 어른벌레

## 만주점박이꽃무지 *Protaetia mandschuriensis*

만주점박이꽃무지는 온몸이 연한 풀빛으로 반짝거린다. 털이나 홈이 없이 매끄럽다. 딱지날개에는 작고 하얀 무늬가 몇 개 드문드문 있다. 머리방패 앞쪽 가장자리는 반듯하다. 낮은 산이나 들판에서 볼 수 있다. 다른 점박이꽃무지처럼 잘 난다. 나뭇진이나 썩은 과일에 날아와 즙을 핥어 먹는다. 썩은 나무나 두엄 더미, 가랑잎 더미 속에 알을 낳는다.

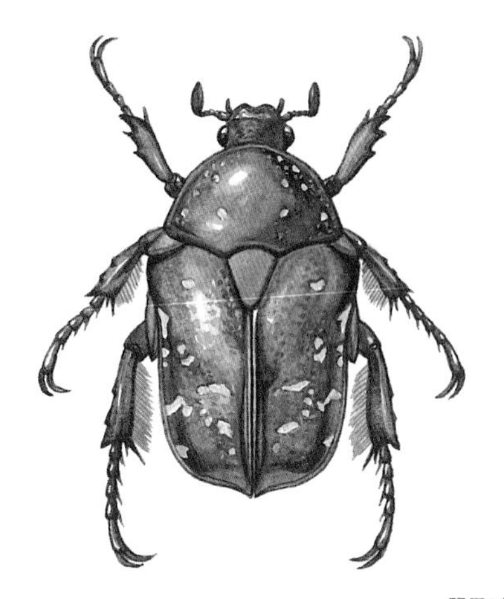

**꽃무지아과**
**몸길이** 16~25mm
**나오는 때** 5~8월
**겨울나기** 애벌레

## 점박이꽃무지 *Protaetia orientalis submarmorea*

점박이꽃무지는 아무르점박이꽃무지와 흰점박이꽃무지와 닮았다. 흰점박이꽃무지는 딱지날개에 굵고 뚜렷한 세로줄이 솟아 있다. 또 앞가슴등판 앞쪽 가장자리에 뚜렷한 경계선이 있다. 아무르점박이꽃무지는 딱지날개에 곰보처럼 홈이 잔뜩 나 있고, 누런 무늬가 흩어져 있다. 점박이꽃무지는 여름날 낮에 흔하고 들판에 피는 여러 가지 꽃이나 나뭇진, 잘 익은 과일에 날아온다. 어른벌레는 온 나라에서 볼 수 있는데 6월에서 8월 사이에 가장 많이 보인다.

**꽃무지아과**
**몸길이** 16～22mm
**나오는 때** 6～9월
**겨울나기** 모름

## 알락풍뎅이 *Anthracophora rusticola*

알락풍뎅이는 몸이 까맣고 살짝 반짝거린다. 등에는 밤색 비늘털이 덮여 있고 까만 점무늬가 흩어져 있다. 제주도와 울릉도를 포함한 온 나라 산에서 산다. 어른벌레는 참나무에 여러 마리가 날아와 나뭇진을 핥아 먹는다. 애벌레는 땅속에서 식물 뿌리를 갉아 먹는다. 예전에는 산에서 흔했는데 1980년 뒤로는 수가 가파르게 줄어들었다.

**꽃무지아과**
**몸길이** 11 ~ 14mm
**나오는 때** 4 ~ 10월
**겨울나기** 어른벌레

## 검정꽃무지 *Glycyphana fulvistemma*

검정꽃무지는 풀색꽃무지와 생김새가 닮았지만, 온몸이 까맣고 딱지날개 가운데에 커다란 누런 가로무늬가 있다. 제주도를 포함한 온 나라에서 산다. 낮은 산이나 들판에서 볼 수 있다. 낮에 꽃이나 열매에 날아온다. 짝짓기를 마친 암컷은 썩어 가는 나무껍질 아래에 알을 낳는다. 알에서 깨어난 애벌레는 썩어 부스러진 나무속을 먹으며 일 년 넘게 살다가 번데기가 된다. 땅속에서 어른벌레로 겨울을 난다. 어른벌레는 열흘쯤 살다가 죽는다.

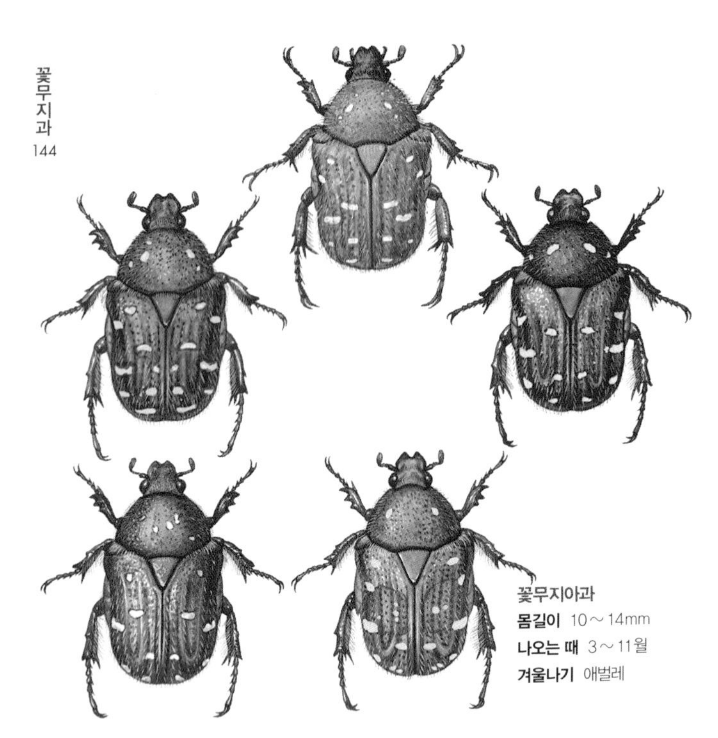

꽃무지아과
**몸길이** 10~14mm
**나오는 때** 3~11월
**겨울나기** 애벌레

# 풀색꽃무지 *Gametis jucunda*

풀색꽃무지는 우리나라 풍뎅이 가운데 수가 가장 많다. 몸은 짙은 풀색이고, 등은 평평하다. 때때로 붉은 밤색이나 검은색을 띠기도 한다. 앞가슴등판과 딱지날개에 누르스름한 작은 무늬들이 흩어져 있다. 가끔 딱지날개 가운데가 빨갛기도 하다. 온몸에는 누런 털이 나 있다. 머리방패판 앞쪽은 V자처럼 깊게 파였다. 어른벌레는 5월 말에서 6월 중순 사이와 9월부터 11월 사이에 많이 나타난다. 낮에 산과 들에 피는 온갖 꽃에 모인다. 한두 해 지나 봄이나 가을에 어른벌레가 된다.

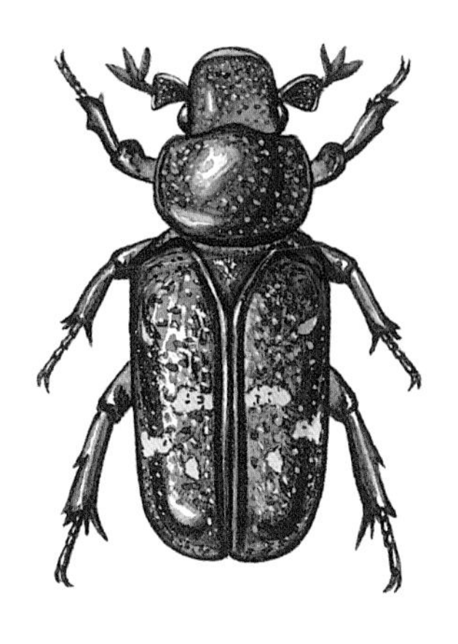

**꽃무지아과**
**몸길이** 15～17mm
**나오는 때** 5～6월
**겨울나기** 모름

## 홀쭉꽃무지 *Clinterocera obsoleta*

홀쭉꽃무지는 몸이 까맣게 반짝거린다. 딱지날개 가운데에 누런 가로 무늬가 한 쌍 있다. 낮은 산에서 보이는데 드물다. 다른 꽃무지와 달리 꽃에 잘 안 모이고, 땅에서 먼지를 뒤집어쓰고 기어 다니거나 돌 밑에서 보인다. 움직임이 둔하고, 손으로 건드리면 죽은 척한다.

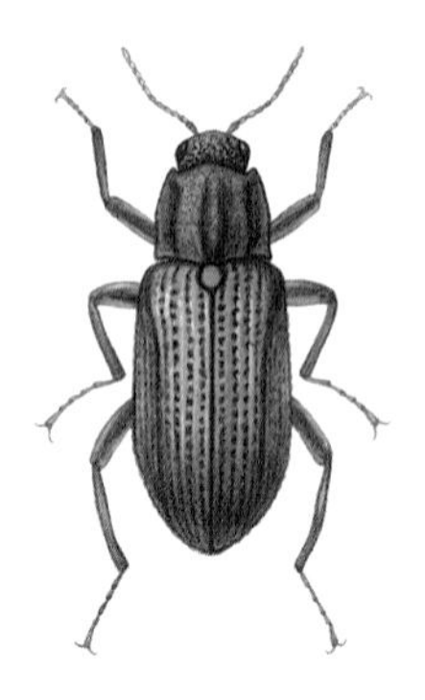

**여울벌레아과**
**몸길이** 3mm 안팎
**나오는 때** 3~10월
**겨울나기** 모름

## 긴다리여울벌레 *Stenelmis vulgaris*

긴다리여울벌레는 온몸이 어두운 밤색이다. 딱지날개에는 홈이 잔뜩 파여 줄을 이룬다. 더듬이는 11마디다. 발목마디 다섯 번째 마디가 나머지 다른 마디를 다 합친 길이보다 길거나 비슷하다. 어른벌레는 이름처럼 물살이 빠른 여울에서 산다. 온 나라 하천이나 강, 시냇물, 논에서 산다. 물속에서도 기관으로 숨을 쉴 수 있다. 물속 돌 밑이나 식물 뿌리 밑을 기어 다닌다. 애벌레는 물속에서 식물 부스러기나 다슬기 따위를 잡아먹는다. 우리나라에는 여울벌레가 6종 산다.

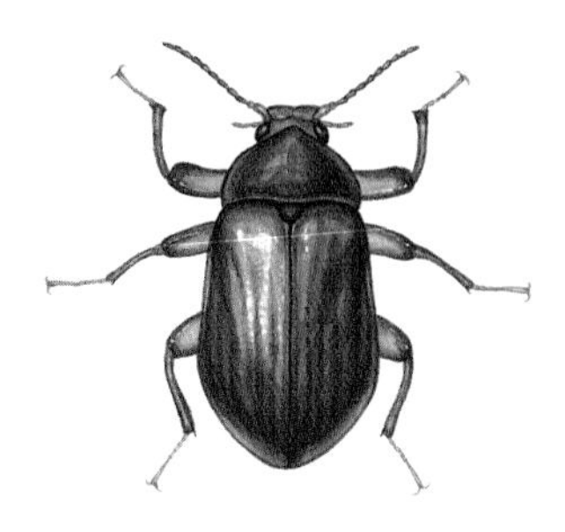

**물삿갓벌레아과**
**몸길이** 3~5mm
**나오는 때** 4~11월
**겨울나기** 모름

## 물삿갓벌레 *Mataeopsephus japonicus sasajii*

물삿갓벌레는 온몸이 검고 다리는 누런 밤색이다. 수컷 더듬이는 부챗살처럼 여러 갈래로 갈라진다. 암컷은 실처럼 생겼다. 애벌레는 물속에서 살고, 물 밖에서 번데기를 거쳐 나온 어른벌레는 여기저기를 날아다니며 잎을 갉아 먹는다. 짝짓기를 마친 암컷은 물가 바위에 알을 낳는다. 물속에 사는 애벌레 생김새가 마치 삿갓처럼 생겨서 바위에 딱 달라붙어 산다. 썩은 식물 부스러기나 물이끼, 작은 옆새우 같은 물속 동물을 잡아먹는다. 물삿갓벌레는 우리나라에 5종이 산다.

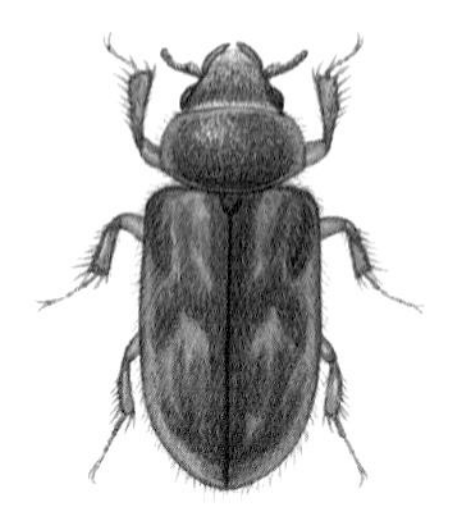

**몸길이** 3~4mm
**나오는 때** 4~8월
**겨울나기** 모름

## 알락진흙벌레 *Heterocerus fenestratus*

알락진흙벌레는 온몸이 밤색인데, 저마다 무늬가 많이 다르다. 땅강아지처럼 앞다리가 흙을 파기 좋도록 넓적하다. 진흙벌레는 우리나라에 2종이 알려졌다. 강가나 시냇가 둘레 축축한 진흙이나 모래에서 산다. 썩은 식물 부스러기를 먹는다. 애벌레는 물속에서 살다가, 물 밖으로 나와 어른벌레로 날개돋이 한다.

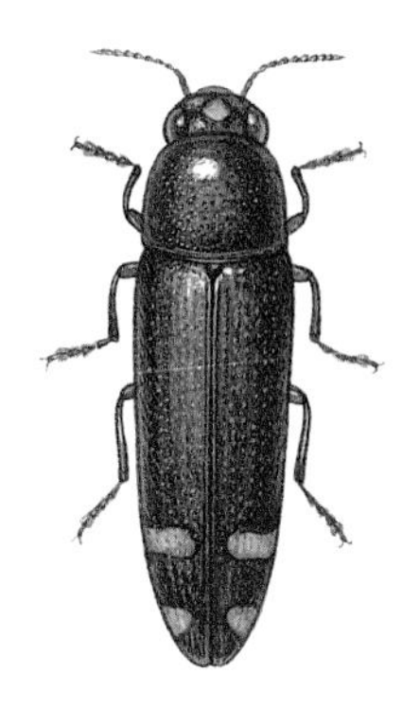

**노랑무늬비단벌레아과**
**몸길이** 12~13mm
**나오는 때** 5~8월
**겨울나기** 애벌레

## 노랑무늬비단벌레 *Ptosima chinensis*

노랑무늬비단벌레는 딱지날개 끝에 노란 무늬 네 개가 가로로 길쭉하게 나 있다. 어른벌레는 낮에 나와 돌아다닌다. 개살구나 복숭아나무, 매화나무 잎에서 자주 보인다.

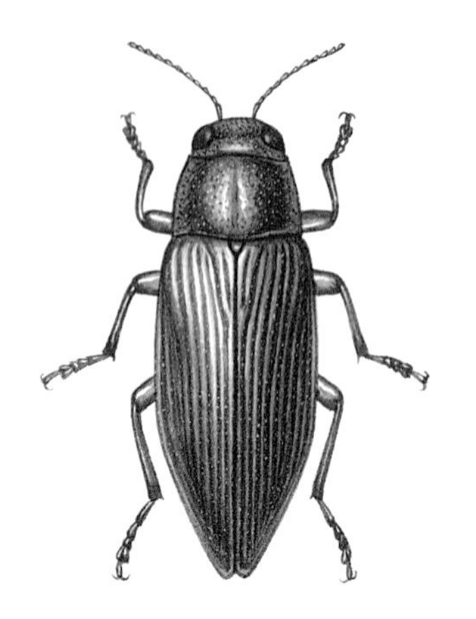

비단벌레아과
**몸길이** 11～22mm
**나오는 때** 6～9월
**겨울나기** 애벌레

## 고려비단벌레 *Buprestis haemorrhoidalis*

고려비단벌레는 온몸이 구릿빛을 띠고, 쇠붙이처럼 번쩍거린다. 딱지날개에 세로줄이 있다. 어른벌레는 소나무를 잘라 쌓아 놓은 곳에 날아온다. 짝짓기를 마친 암컷은 썩은 소나무에 알을 낳는다.

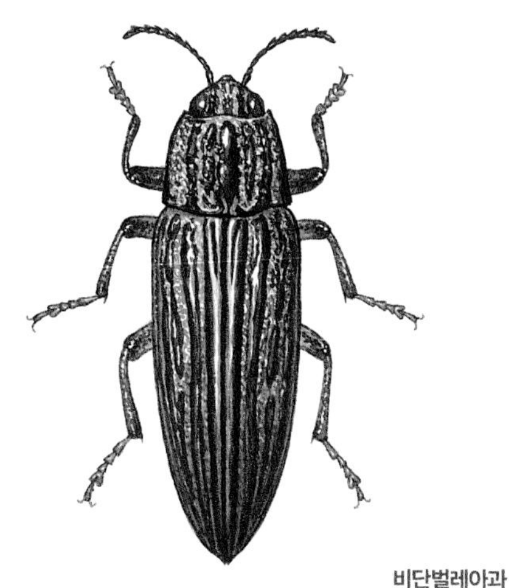

**비단벌레아과**
**몸길이** 24～40mm
**나오는 때** 5～8월
**겨울나기** 애벌레, 어른벌레

## 소나무비단벌레 *Chalcophora japonica japonica*

소나무비단벌레는 비단벌레 무리 가운데 몸집이 크다. 온몸은 금빛 가루로 덮였는데, 오래 지나면 벗겨져서 거무스름한 구릿빛을 띤다. 앞가슴등판에 굵고 까만 세로 줄무늬가 있다. 딱지날개에는 굵고 까만 세로 줄무늬가 4개씩 있다. 중부와 남부, 제주도에서 산다. 어른벌레는 낮은 산이나 들판 소나무 숲에서 보인다. 낮에 나와 돌아다닌다. 짝짓기를 마친 암컷은 죽은 소나무에 알을 낳는다. 애벌레는 소나무 껍질 속을 파먹고 산다. 어른벌레가 되는데 3년쯤 걸린다.

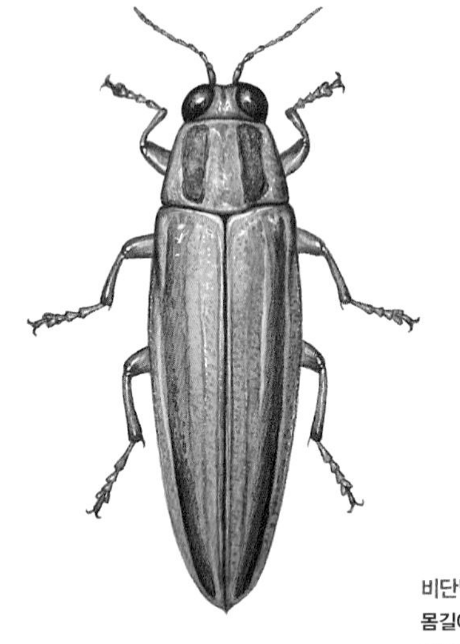

**비단벌레아과**
**몸길이** 25～44mm
**나오는 때** 7～8월
**겨울나기** 애벌레

## 비단벌레 *Chrysochroa coreana*

비단벌레는 머리 앞쪽은 넓고, 날개 뒤쪽은 좁아서 몸이 오각형처럼 생겼다. 딱지날개에 빨간 줄무늬가 두 줄 굵게 나 있다. 어른벌레는 한여름에 보인다. 중부와 남부 지방, 섬에서 사는데 드물어서 거의 볼 수 없다. 어른벌레는 팽나무, 참나무, 서어나무 같은 넓은잎나무 나뭇잎을 먹는다. 햇볕이 좋은 날에는 나무 꼭대기에서 날아다니기도 한다. 짝짓기를 마친 암컷은 말라 죽은 팽나무에 알을 낳는다. 어른벌레가 되는데 2~3년 걸린다. 지금은 천연기념물로 정해서 보호하고 있다.

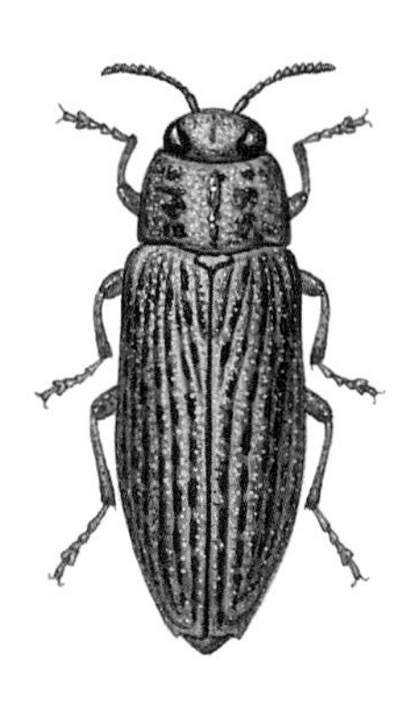

**비단벌레아과**
**몸길이** 8~13mm
**나오는 때** 4~6월
**겨울나기** 애벌레

## 금테비단벌레 *Lamprodila pretiosa*

금테비단벌레는 몸빛이 풀색을 띠어서 몸을 숨긴다. 딱지날개에는 세로줄이 있고, 테두리에는 빨간 무늬가 있다. 어른벌레는 산속 넓은잎나무 숲에서 산다. 봄부터 나와 느릅나무, 사과나무, 배나무, 두릅나무 잎을 잘 갉아 먹는다. 애벌레는 나무줄기와 가지 속에서 구멍을 뚫어 가며 먹는다.

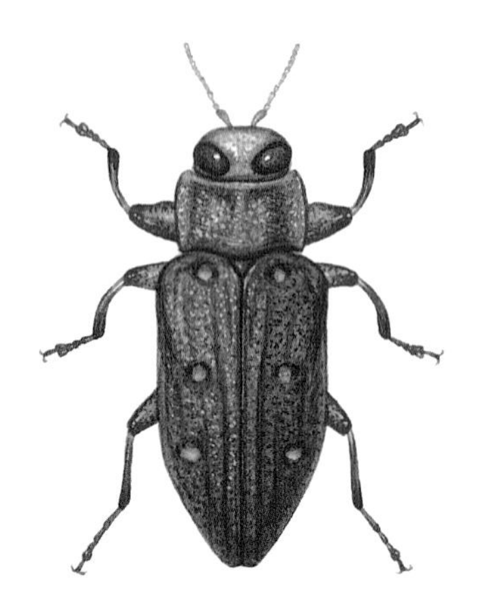

**넓적비단벌레아과**
**몸길이** 8~10mm
**나오는 때** 6~8월
**겨울나기** 모름

## 아무르넓적비단벌레 *Chrysobothris amurensis amurensis*

아무르넓적비단벌레는 배나무육점박이비단벌레와 닮았다. 아무르넓적비단벌레는 앞가슴등판 앞쪽이 배나무육점박이비단벌레와 달리 좁아지지 않는다. 앞가슴등판 가운데에 빨간 줄무늬가 있고, 양쪽 옆 테두리에는 빨간 테두리가 있다. 6~8월에 베어 낸 나무 더미에 날아온다. 드물게 보인다.

**넓적비단벌레아과**
**몸길이** 7 ~ 12mm
**나오는 때** 5 ~ 8월
**겨울나기** 애벌레

## 배나무육점박이비단벌레 *Chrysobothris succedanea*

배나무육점박이비단벌레는 온몸이 구릿빛이고, 몸 아래쪽 가운데는 풀빛이 돌고, 가장자리는 붉은 보랏빛을 띤다. 온몸은 쇠붙이처럼 반짝인다. 앞다리 허벅지마디가 크다. 딱지날개에는 금빛 무늬가 세 쌍 있다. 어른벌레는 바늘잎나무가 자라는 중부 지방 산에서 산다. 낮에 나와 돌아다닌다. 소나무를 잘라 쌓아 놓은 무더기에 날아와 산란관을 꽂고 알을 낳는다. 애벌레는 나무속을 파먹고 자란다.

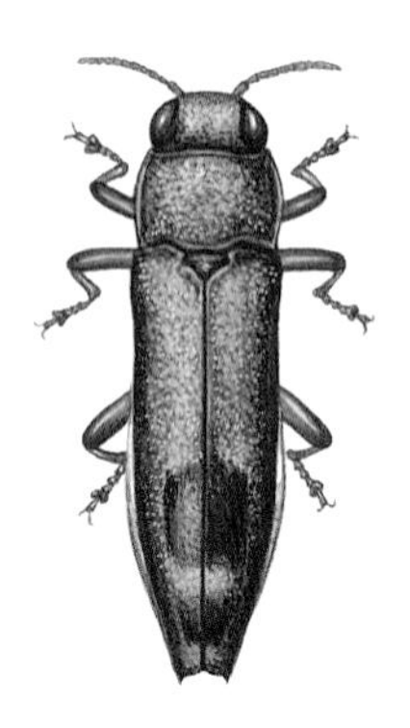

**호리비단벌레아과**
**몸길이** 6~8mm
**나오는 때** 7~8월
**겨울나기** 애벌레

## 황녹색호리비단벌레 *Agrilus chujoi*

황녹색호리비단벌레는 앞가슴등판과 딱지날개가 밝은 풀색이고, 딱지날개 뒤쪽에 진한 파란색 반점이 있다. 무늬 크기는 저마다 다르다. 멋쟁이호리비단벌레와 닮았다. 멋쟁이호리비단벌레는 앞가슴등판이 주황색이고, 딱지날개는 푸른 풀빛을 띠고 파란색 반점이 없다. 황녹색호리비단벌레는 중부와 남부 지방 낮은 산에서 보인다. 어른벌레는 낮에 나와 돌아다니면서 칡잎을 갉아 먹는다. 애벌레는 칡덩굴 속을 파먹는다.

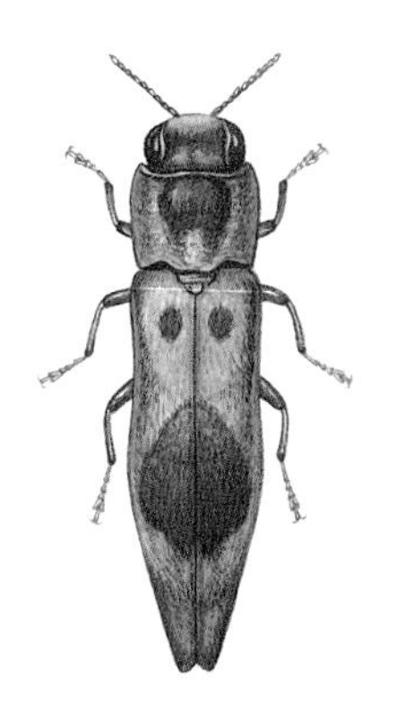

**호리비단벌레아과**
**몸길이** 7mm 안팎
**나오는 때** 4~9월
**겨울나기** 어른벌레

## 모무늬호리비단벌레 *Agrilus discalis*

모무늬호리비단벌레는 딱지날개에 커다란 삼각형 모양 반점이 있다. 앞가슴등판은 보랏빛이 도는 붉은색이다. 어른벌레는 제주도와 울릉도를 포함한 남부 지방 낮은 산이나 들판에서 볼 수 있다. 낮에 나와 돌아다니며 팽나무 잎을 갉아 먹는다. 겨울이 되면 팽나무 나무껍질 밑에 들어가 겨울을 난다. 애벌레는 썩은 팽나무를 파먹는다.

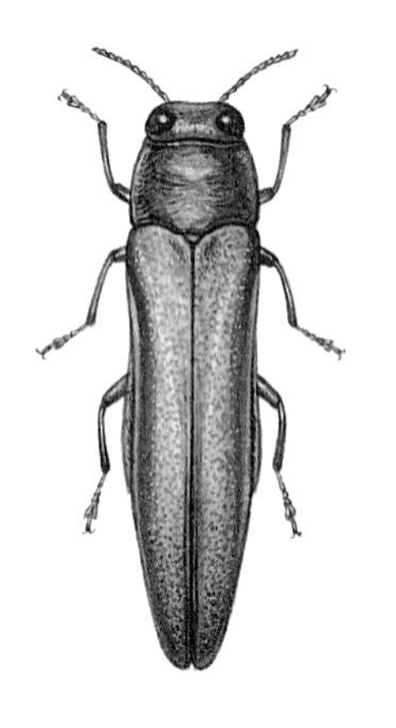

**호리비단벌레아과**
**몸길이** 9~14mm
**나오는 때** 6~8월
**겨울나기** 모름

## 서울호리비단벌레 *Agrilus planipennis*

서울호리비단벌레는 몸이 풀빛이고 털이 없어서 반들반들하다. 호리비단벌레 무리는 어른벌레와 애벌레 모두 식물을 먹고 산다. 어른벌레는 꽃잎이나 잎을 갉아 먹고, 애벌레는 나무나 풀 줄기 속을 파먹는다. 대부분 한 해에 한 번이나 두 해에 한 번 날개돋이 한다. 대부분 애벌레로 겨울을 나는데, 몇몇 종은 어른벌레로 겨울을 나기도 한다. 미국에서는 중국에서 건너간 서울호리비단벌레가 가로수로 심은 미국물푸레나무를 말라 죽게 했다고 한다.

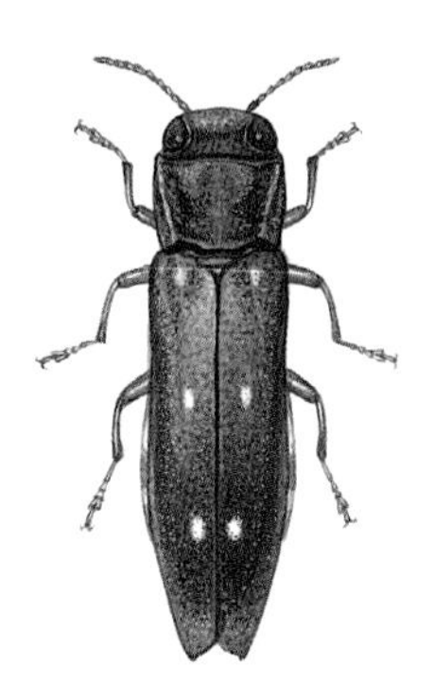

**호리비단벌레아과**
**몸길이** 5～8mm
**나오는 때** 5～8월
**겨울나기** 모름

## 흰점호리비단벌레 *Agrilus sospes*

흰점호리비단벌레는 '흰점비단벌레'라고도 한다. 딱지날개에 하얀 점 4개가 뚜렷하게 나 있고, 딱지날개 위와 아래쪽에 하얀 무늬가 희미하게 나 있다. 어른벌레는 낮은 산 나무를 잘라 쌓아 놓은 곳에서 많이 보인다.

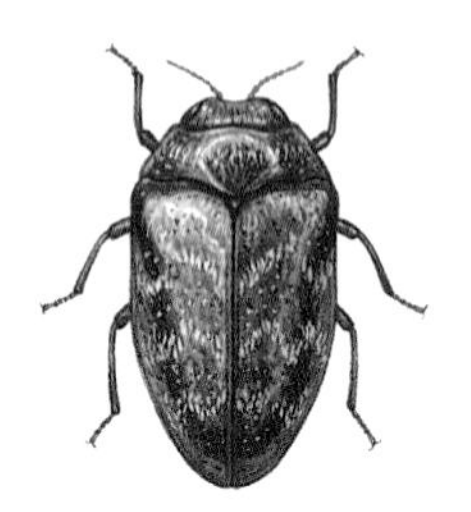

**호리비단벌레아과**
**몸길이** 3mm 안팎
**나오는 때** 4~10월
**겨울나기** 어른벌레

## 버드나무좀비단벌레 *Trachys minuta minuta*

버드나무좀비단벌레는 등이 진한 남색인데 어두운 보라색이나 검은색인 것도 있다. 온몸에는 하얀 털이 나 있다. 앞가슴등판은 밤색이다. 딱지날개에는 하얀 털로 된 가로 띠무늬가 물결처럼 나 있다. 어른벌레는 황철나무나 버드나무에서 보인다. 다른 비단벌레보다 빠르게 움직이는데, 가다 서다를 되풀이한다. 한 해에 한 번이나 두 번 날개돋이 한다.

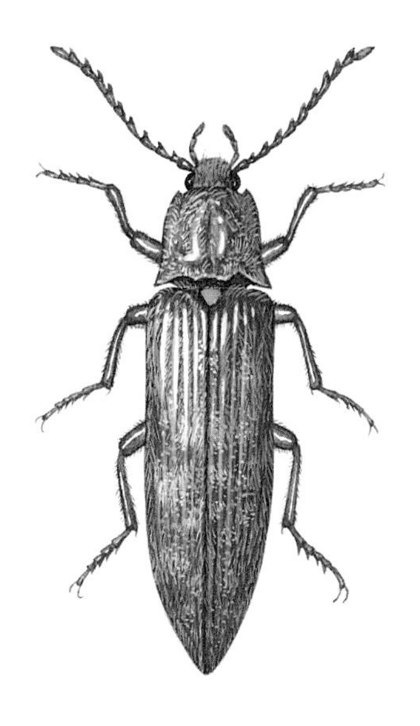

**왕빗살방아벌레아과**
**몸길이** 22～35mm
**나오는 때** 5～10월
**겨울나기** 애벌레

## 왕빗살방아벌레 *Pectocera fortunei*

왕빗살방아벌레는 우리나라에서 몸집이 가장 큰 방아벌레다. 온몸은 붉거나 검은 밤색이고, 딱지날개에 세로로 깊은 골이 빗살처럼 나 있다. 짧은 잿빛 털이 온몸에 얼룩덜룩 나 있다. 더듬이는 톱니처럼 생겼다. 늦은 봄에 나와 10월까지 돌아다닌다. 온 나라 낮은 산에 살면서 밤에 나와 돌아다니며 하늘소나 좀벌레 애벌레를 잡아먹는다. 밤에 불빛에 날아오기도 한다. 위험을 느끼면 죽은 척하고 있다가 갑자기 '똑딱' 소리를 내며 튀어 오른다.

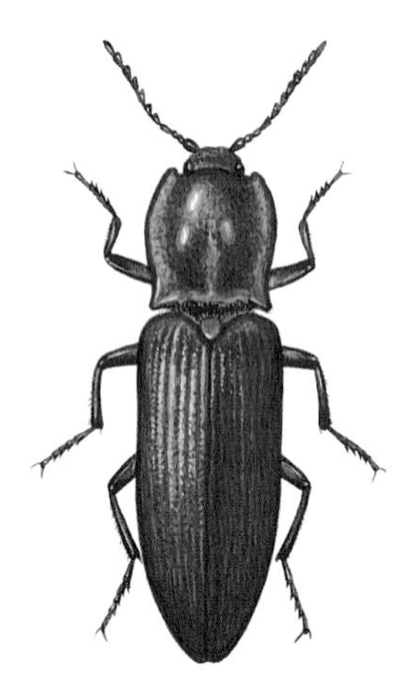

**땅방아벌레아과**
**몸길이** 14～16mm
**나오는 때** 5～7월
**겨울나기** 애벌레

## 대유동방아벌레 *Agrypnus argillaceus argillaceus*

대유동방아벌레는 온몸이 진한 주홍빛 짧은 털이 잔뜩 나 있다. 더듬이와 다리는 까맣다. 머리와 앞가슴 사이에는 까만 털이 수북이 나 있다. 어른벌레는 산에서 자라는 나뭇잎이나 풀잎 위에서 자주 보인다. 낮에 나와 큰턱으로 연한 나무껍질을 뜯어 먹거나 여러 가지 애벌레를 잡아먹는다. 위험을 느끼면 땅에 떨어져 거꾸로 뒤집혀 죽은 척한다. 그러다가 한참 지나면 톡 튀어 올라 제자리를 잡고 도망간다. 햇볕이 쨍쨍한 날에는 날아다니기도 한다. 한 해에 한 번 날개돋이 한다.

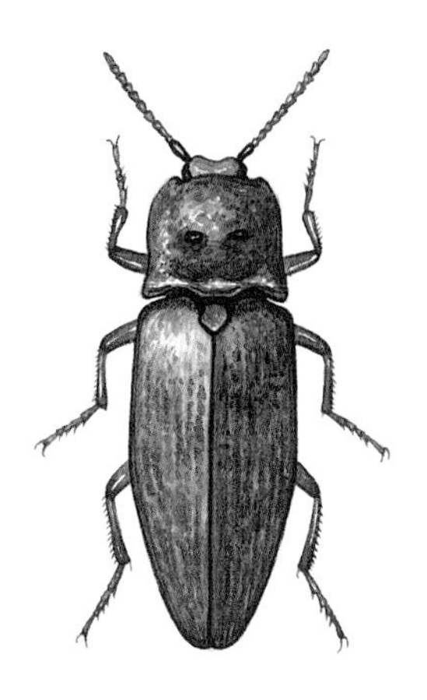

**땅방아벌레아과**
**몸길이** 12 ~ 16mm
**나오는 때** 5 ~ 10월
**겨울나기** 애벌레

## 녹슬은방아벌레 *Agrypnus binodulus coreanus*

녹슬은방아벌레는 이름처럼 온몸이 녹슨 쇠붙이처럼 하얀 털과 누런 털이 얼룩덜룩하다. 앞가슴등판에 짧은 돌기가 한 쌍 있다. 온 나라 산이나 들판에서 산다. 식물 줄기나 잎에서 지낸다. 낮에 돌아다니는데, 몸빛이 땅 빛깔과 비슷해서 눈에 잘 안 띈다. 밤에 불빛을 보고 날아오기도 한다. 애벌레는 땅속에 살면서 벌레를 잡아먹는 것 같다. 땅속에서 번데기가 된다.

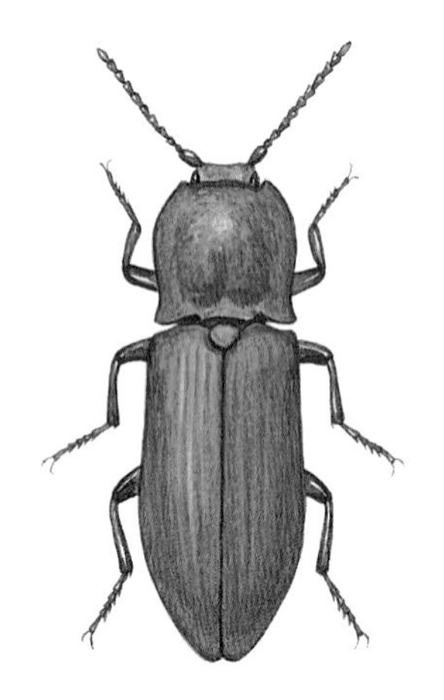

**땅방아벌레아과**
**몸길이** 12～17mm
**나오는 때** 4～6월
**겨울나기** 모름

## 황토색방아벌레 *Agrypnus cordicollis*

황토색방아벌레는 이름처럼 온몸이 황토색이다. 앞가슴등판이 심장꼴로 생겼고, 뒤쪽 끝 양쪽 모서리가 뾰족하게 튀어 나왔다. 어른벌레는 들판이나 산에서 보인다. 나뭇진을 빨아 먹거나 작은 벌레를 잡아먹는다.

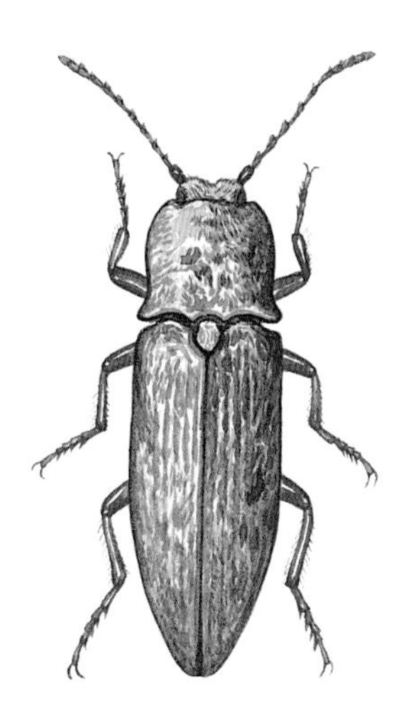

**땅방아벌레아과**
**몸길이** 13～20mm
**나오는 때** 5～8월
**겨울나기** 모름

## 가는꽃녹슬은방아벌레 *Agrypnus fuliginosus*

가는꽃녹슬은방아벌레는 녹슬은방아벌레와 닮았다. 온몸은 붉은 밤색이고, 딱지날개 옆쪽에 옅은 밤색 점이 있다. 낮은 산이나 들판에서 볼 수 있다.

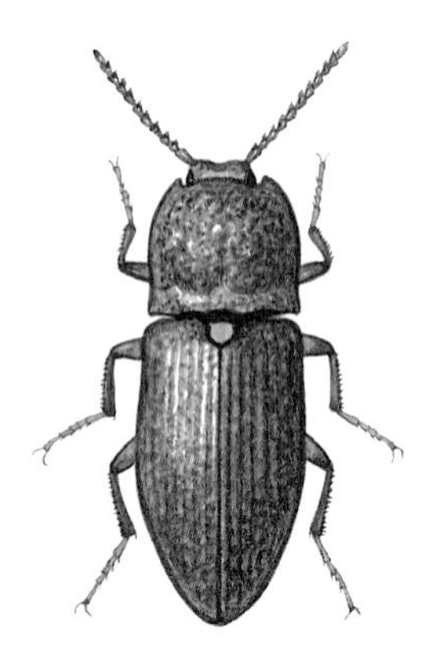

**땅방아벌레아과**
**몸길이** 8~10mm
**나오는 때** 6~7월
**겨울나기** 모름

## 애녹슬은방아벌레 *Agrypnus scrofa*

애녹슬은방아벌레는 몸이 까만 털로 빽빽하게 덮여 있다. 앞가슴등판이 살짝 솟아올랐다. 낮은 산이나 들판에 자라는 키 작은 나무 둘레에서 보인다.

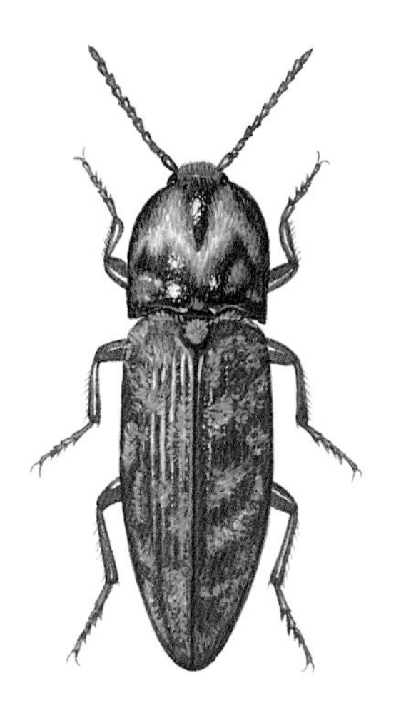

**땅방아벌레아과**
**몸길이** 14～16mm
**나오는 때** 5～6월
**겨울나기** 애벌레

## 알락방아벌레 *Danosoma conspersa*

알락방아벌레는 머리와 앞가슴등판은 까맣고, 딱지날개는 붉은 밤색이다. 그런데 군데군데 금빛 털이 뭉쳐 있어 얼룩덜룩해 보인다. 낮은 산이나 들판에서 보인다. 낮에 나와 돌아다닌다.

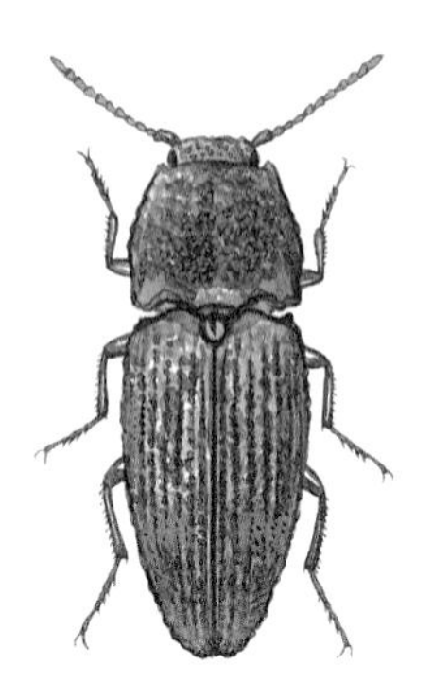

**땅방아벌레아과**
**몸길이** 6～7mm
**나오는 때** 7～9월
**겨울나기** 모름

## 모래밭방아벌레 *Meristhus niponensis*

모래밭방아벌레는 온몸이 검은 밤색인데, 배 가장자리와 딱지날개에 하얀 점무늬처럼 털이 드문드문 나 있다. 골짜기 둘레 모래밭에서 산다.

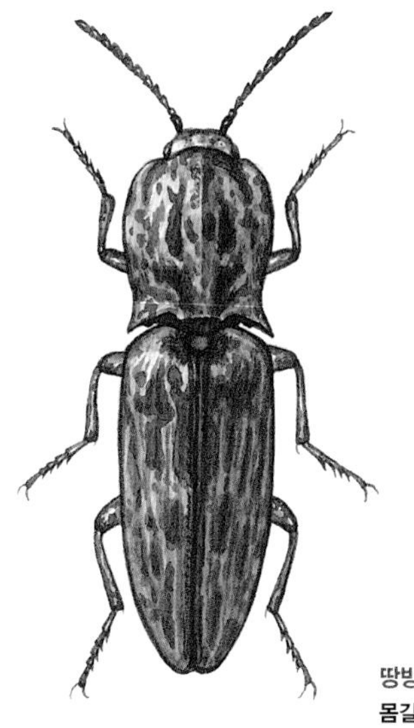

**땅방아벌레아과**
**몸길이** 22～30mm
**나오는 때** 5～8월
**겨울나기** 애벌레, 어른벌레

## 맵시방아벌레 *Cryptalaus berus*

맵시방아벌레는 잿빛 몸에 까만 무늬가 이리저리 나 있다. 앞가슴등판은 투구처럼 생겼고, 뒤쪽 모서리에 날카로운 돌기가 한 쌍 있다. 산이나 들판 소나무 숲에서 볼 수 있다. 남부 지방에서 많이 보인다. 6~7월에 짝짓기를 하고 썩은 소나무에 알을 낳는다. 알에서 나온 애벌레는 소나무 껍질 속에 살면서 다른 벌레를 잡아먹는다. 소나무 껍질 속에서 애벌레나 어른벌레로 겨울을 난다. 어른벌레가 되는데 3~6년쯤 걸린다.

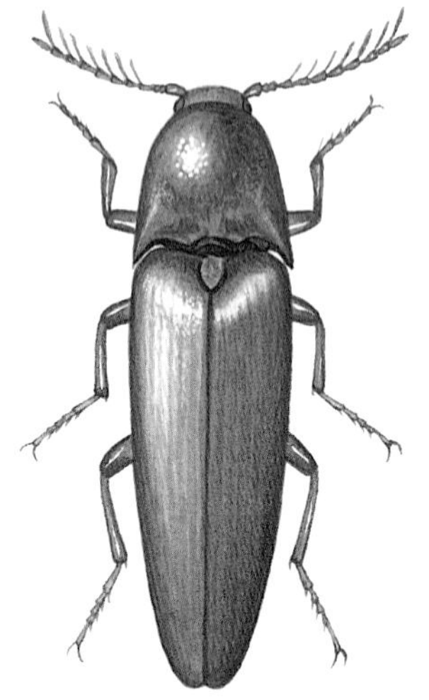

**땅방아벌레아과**
**몸길이** 22～35mm
**나오는 때** 4～10월
**겨울나기** 어른벌레

## 루이스방아벌레 *Tetrigus lewisi*

루이스방아벌레는 왕빗살방아벌레만큼 몸집이 크다. 온몸은 누런 밤색이고, 빳빳한 털로 덮여 있다. 더듬이와 다리는 붉은 노란색이다. 딱지날개 뒤쪽이 좁아진다. 수컷 더듬이는 옆으로 길게 늘어난 빗살처럼 생겼고, 암컷은 톱날처럼 생겼다. 어른벌레로 겨울을 난다고 한다.

**땅방아벌레아과**
**몸길이** 5mm 안팎
**나오는 때** 4～10월
**겨울나기** 어른벌레

## 꼬마방아벌레 *Drasterius agnatus*

꼬마방아벌레는 이름처럼 몸이 아주 작다. 온몸이 붉은 밤색이다. 딱지날개에 잔털이 나 있고, 까만 무늬가 있다. 앞가슴등판에는 까만 세로 줄무늬가 있다. 풀밭이나 잔디밭, 논밭 땅 위를 기어 다닌다. 땅속을 파고들기도 한다. 어른벌레로 겨울을 난다고 한다.

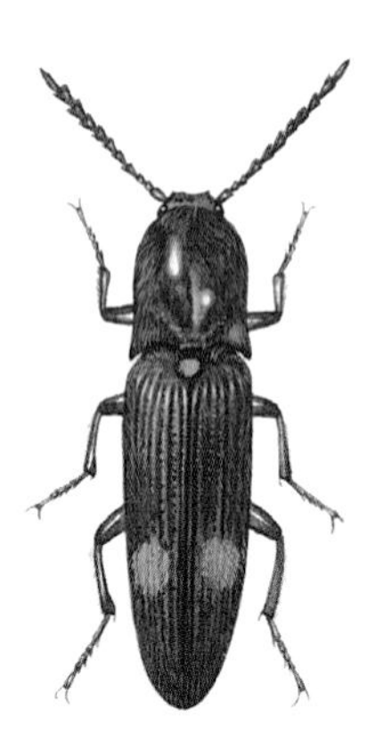

**주홍방아벌레아과**
**몸길이** 8~12mm
**나오는 때** 4~5월
**겨울나기** 어른벌레

# 크라아츠방아벌레 *Limoniscus kraatzi kraatzi*

크라아츠방아벌레는 몸이 까맣게 반짝거리고, 짧은 털이 나 있다. 딱지날개에 세로로 홈이 줄지어 파여 있고, 딱지날개 가운데쯤 양옆에 노란 점이 한 쌍 있다. 제주도를 포함한 온 나라에서 볼 수 있다. 낮은 산 떨기나무 숲에서 볼 수 있다. 봄에 나뭇가지나 새순에서 드물게 보인다.

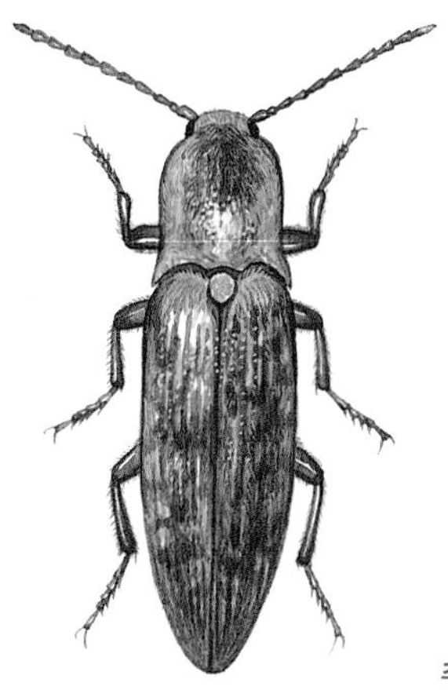

**주홍방아벌레아과**
**몸길이** 12～17mm
**나오는 때** 4～8월
**겨울나기** 어른벌레

# 얼룩방아벌레 *Actenicerus pruinosus*

얼룩방아벌레는 온몸에 짧은 밤색 털이 나 있어서 얼룩덜룩해 보인다. 앞가슴 양쪽 뒤쪽 끝이 길쭉하게 늘어났다. 낮은 산이나 풀밭에서 볼 수 있다. 낮에 나와 자주 풀에 앉아 쉰다. 어른벌레로 겨울을 난다고 한다.

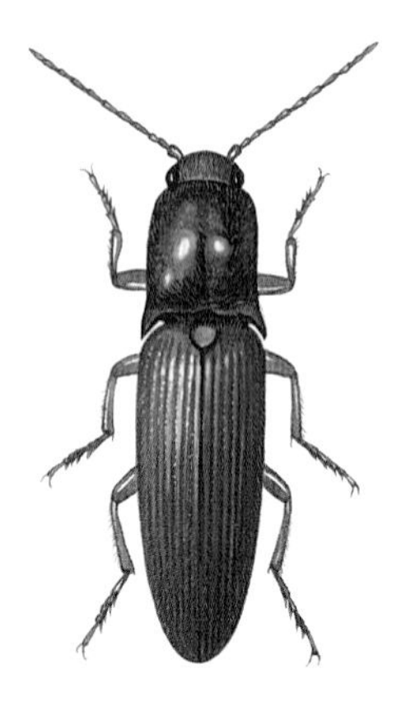

**주홍방아벌레아과**
**몸길이** 수컷 12～13mm,
암컷 16～17mm
**나오는 때** 4월부터
**겨울나기** 어른벌레

## 붉은큰뿔방아벌레 *Liotrichus fulvipennis*

붉은큰뿔방아벌레는 딱지날개는 빨간데, 보랏빛이 돌기도 한다. 하지만 사는 곳에 따라 색깔이 제법 다르다. 또 새로 날개돋이 한 어른벌레와 겨울을 난 어른벌레도 색깔이 다르다. 머리와 가슴은 구릿빛이 도는 까만색이다. 수컷은 앞가슴등판이 좁고 길며 양옆이 나란한데, 암컷은 양옆이 조금 둥글게 넓어진다. 산속 골짜기 작은 키 나무 둘레에서 산다. 어른벌레는 4월 말부터 보인다. 어른벌레로 흙 속에서 겨울을 난다고 알려졌다.

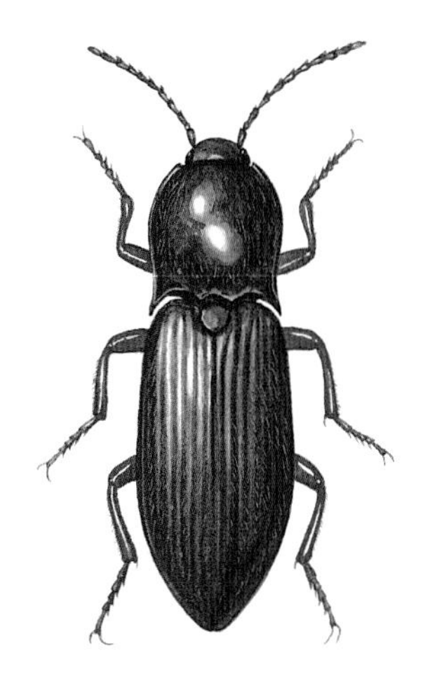

**주홍방아벌레아과**
**몸길이** 15～17mm
**나오는 때** 5～6월
**겨울나기** 애벌레

## 청동방아벌레 *Selatosomus puncticollis*

청동방아벌레는 이름처럼 온몸이 청동빛으로 번쩍거린다. 딱지날개에 세로로 파인 홈 줄이 있다. 낮은 산에서 산다. 봄부터 나와 많이 날아다닌다. 낮에는 땅바닥이나 풀에 앉아 쉰다. 5~6월에 짝짓기를 하고 알을 낳는다. 애벌레는 땅속에서 2~3년 산다. 애벌레가 밭에 심은 감자를 많이 갉아 먹는다. 땅속에서 번데기가 되었다가 가을에 어른벌레로 날개돋이 한다. 어른벌레는 그대로 땅속에서 겨울을 나고 이듬해 봄에 나온다.

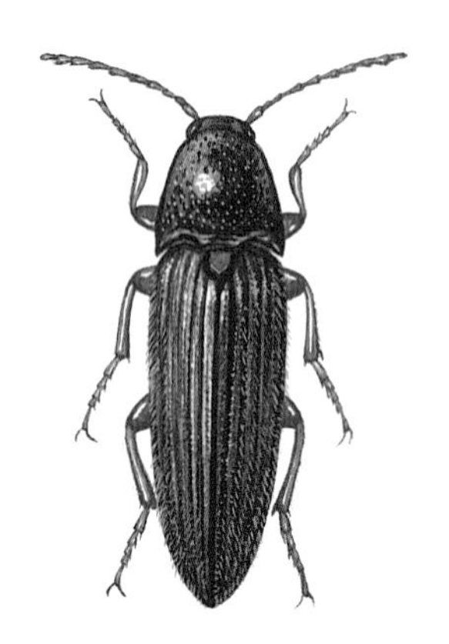

**방아벌레아과**
**몸길이** 11～15mm
**나오는 때** 5～7월
**겨울나기** 모름

## 길쭉방아벌레 *Ectamenogonus plebejus*

길쭉방아벌레는 온몸이 까맣고 밤색 털이 많이 나 있다. 더듬이와 입, 다리와 몸 아랫면은 붉은 밤색이다. 더듬이 네 번째 마디부터 톱니처럼 생겼다. 딱지날개는 옆으로 나란하다가 뒤로 갈수록 뾰족해진다. 딱지날개에 세로줄이 나 있다.

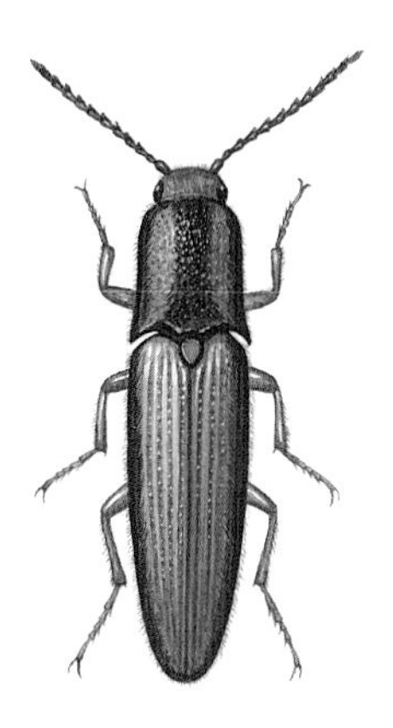

**방아벌레아과**
**몸길이** 9~14mm
**나오는 때** 7~8월
**겨울나기** 모름

## 검정테광방아벌레 *Ludioschema vittiger vittiger*

검정테광방아벌레는 이름처럼 앞가슴등판 가운데와 양쪽 가장자리, 딱지날개 양쪽 가장자리를 따라 까만 세로줄이 있다. 어른벌레는 숲 가장자리나 논밭, 냇가 둘레에서 보인다. 중부 지방에서는 7~8월에 보인다.

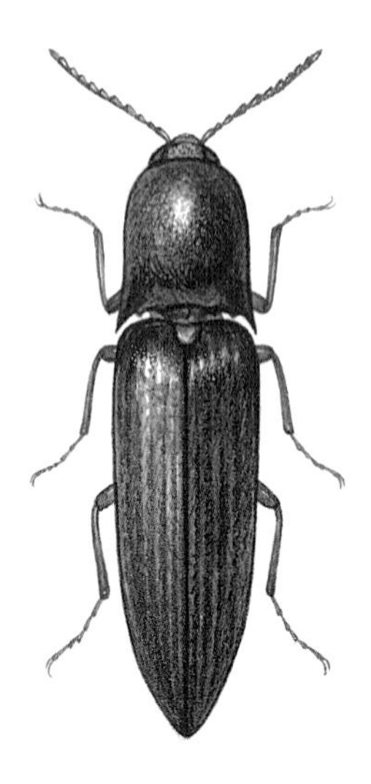

**방아벌레아과**
**몸길이** 23~30mm
**나오는 때** 5~6월
**겨울나기** 모름

## 시이볼드방아벌레 *Orthostethus sieboldi sieboldi*

시이볼드방아벌레는 온몸이 검은 밤색이고 누런 털이 덮여 있다. 수컷만 더듬이가 빗살처럼 생겼다. 온 나라에서 산다. 낮은 산 넓은잎나무 숲이나 들판에서 볼 수 있다.

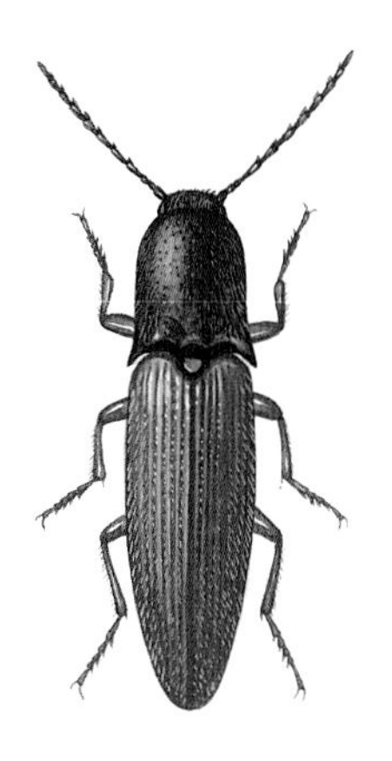

**방아벌레아과**
**몸길이** 10mm 안팎
**나오는 때** 4~6월
**겨울나기** 어른벌레

## 누런방아벌레 *Ectinus tamnaensis*

누런방아벌레는 머리와 가슴은 까맣고, 딱지날개는 붉은 밤색이다. 딱지날개에 굵은 세로줄이 나 있다. 앞가슴등판이 길고, 양쪽 뒤 가장자리 끝이 날카롭다. 더듬이는 11~12마디이다. 어른벌레는 산이나 들판에서 산다. 낮에는 주로 숲속 나뭇잎 뒤에 붙어서 쉰다. 어른벌레로 겨울을 난다고 한다. 애벌레는 땅속에서 밭에 심은 곡식이나 채소 뿌리를 파먹고 산다.

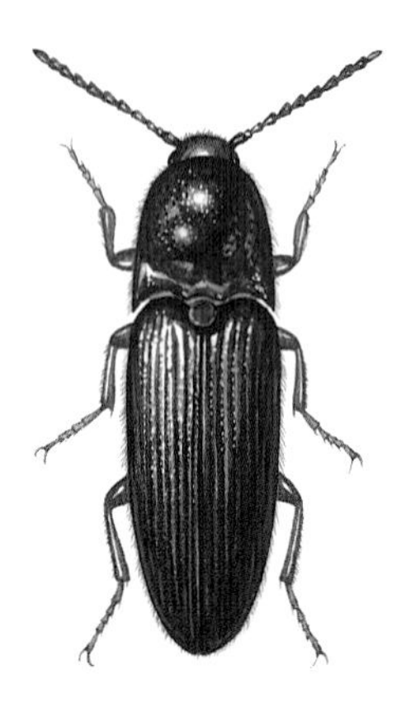

**방아벌레아과**
**몸길이** 11 ~ 12mm
**나오는 때** 6 ~ 7월
**겨울나기** 모름

## 오팔색방아벌레 *Ampedus hypogastricus*

오팔색방아벌레는 온몸이 까맣게 반짝거리는데, 햇빛을 받으면 보랏빛이 어른거린다. 딱지날개에 홈이 파인 줄무늬가 뚜렷하다. 산에서 산다. 애벌레는 썩은 소나무나 잣나무 속을 파먹으면서 산다.

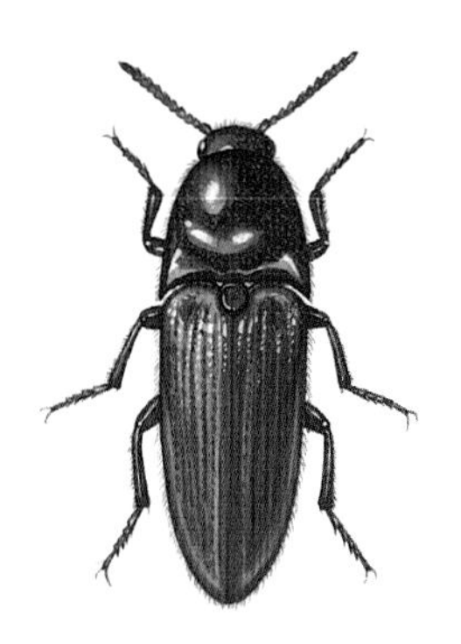

**방아벌레아과**
**몸길이** 10mm 안팎
**나오는 때** 4～7월
**겨울나기** 어른벌레

## 진홍색방아벌레 *Ampedus puniceus*

진홍색방아벌레는 머리와 앞가슴등판이 까맣고, 딱지날개는 짙은 주홍빛이다. 온 나라 낮은 산이나 들판에 있는 죽은 나무나 꽃에 모여든다. 이른 봄에 과수원이나 마당에 날아와 과일나무 새싹을 갉아 먹기도 한다. 짝짓기를 마친 암컷은 썩은 참나무에 알을 많이 낳는다. 애벌레는 나무껍질 밑이나 나무속을 파고 다니며 다른 벌레 애벌레를 잡아먹는다. 그러다가 나무속에서 번데기가 된다. 늦가을에 어른벌레로 날개돋이 하면 그대로 겨울잠을 잔다. 이듬해 봄에 나무를 뚫고 나온다.

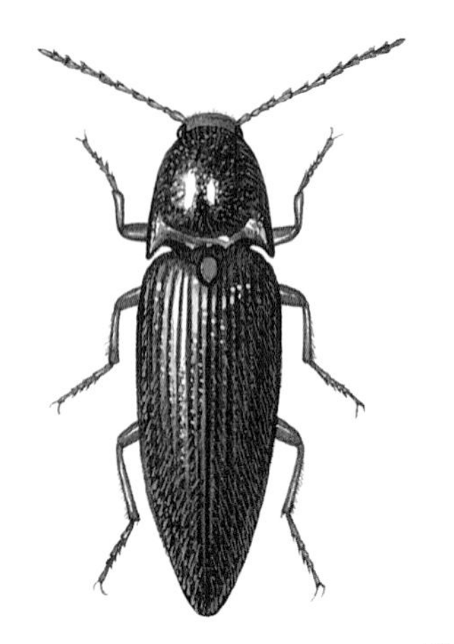

**빗살방아벌레아과**
**몸길이** 14~20mm
**나오는 때** 5~6월
**겨울나기** 어른벌레

## 빗살방아벌레 *Melanotus legatus*

빗살방아벌레는 온몸이 까맣게 반짝거린다. 더듬이와 다리는 누런 밤색이다. 더듬이는 수컷이 암컷보다 더 길다. 애벌레는 땅속이나 가랑잎 썩은 곳에서 산다. 밭에 심은 곡식이나 채소 뿌리를 갉아 먹기도 한다. 8~9월에 땅속에서 번데기가 된 뒤 가을에 어른벌레로 날개돋이 한다. 어른벌레로 겨울을 난다.

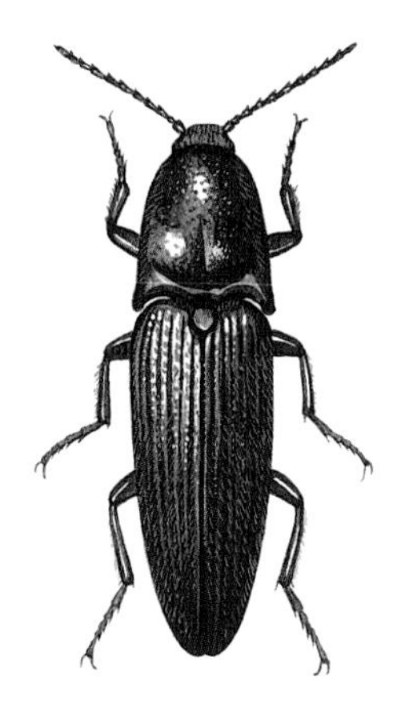

**빗살방아벌레아과**
**몸길이** 17mm 안팎
**나오는 때** 5～7월
**겨울나기** 어른벌레

## 검정빗살방아벌레 *Melanotus cribricollis*

검정빗살방아벌레는 몸이 까맣게 반짝거린다. 등과 몸 아랫면은 잿빛 털로 덮여 있다. 앞가슴등판 가운데가 가느다랗게 튀어 나왔다. 딱지날개에 세로줄이 뚜렷하게 나 있다. 온 나라 낮은 산이나 들에서 산다. 썩은 나무속에서 어른벌레로 겨울을 나고, 이른 봄부터 나와 돌아다닌다. 여름 들머리까지 보인다. 풀잎이나 나뭇잎에 자주 앉아 있다.

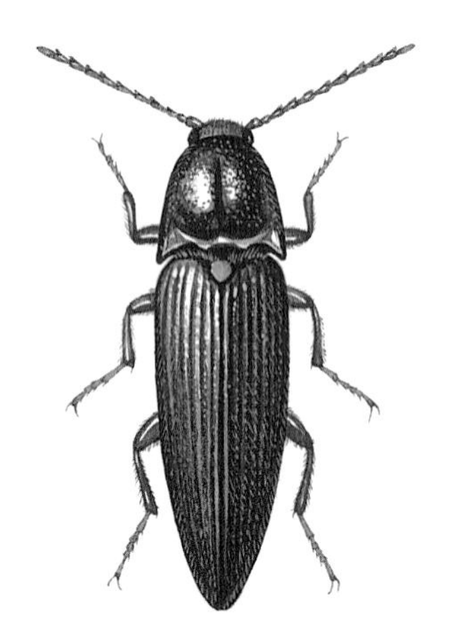

**빗살방아벌레아과**
**몸길이** 15～19mm
**나오는 때** 4～6월
**겨울나기** 애벌레

## 붉은다리빗살방아벌레 *Melanotus cete cete*

붉은다리빗살방아벌레는 검정빗살방아벌레와 닮았는데, 더듬이와 다리가 빨갛고, 딱지날개가 누런 털로 덮였다. 온 나라 낮은 산이나 풀밭에서 볼 수 있다. 낮에 나와 풀잎 위나 나무줄기에서 쉬거나 돌아다닌다. 밤에 나뭇진에도 꼬인다. 애벌레는 땅속에서 산다.

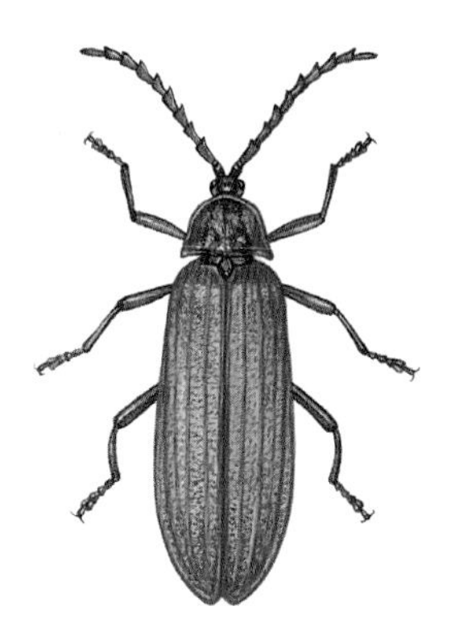

**홍반디아과**
**몸길이** 12~15mm
**나오는 때** 5~7월
**겨울나기** 애벌레

## 큰홍반디 *Lycostomus porphyrophorus*

큰홍반디는 가슴과 딱지날개가 빨갛고, 앞가슴등판 가운데는 까맣다. 딱지날개에 가는 세로줄이 있다. 배 쪽은 까맣다. 더듬이는 톱니처럼 생겼다. 어른벌레는 5월부터 7월까지 보인다. 풀밭이나 나무를 잘라 쌓아 놓은 곳에서 보인다. 애벌레로 겨울을 난다고 한다. 우리나라에는 홍반디 무리가 11종쯤 산다.

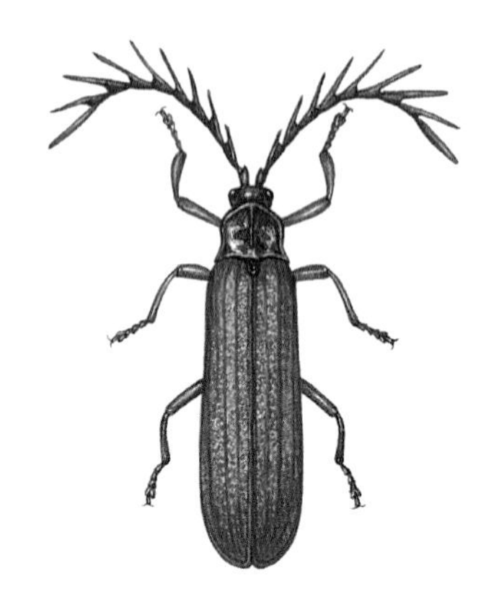

**홍반디아과**
**몸길이** 8～13mm
**나오는 때** 5～7월
**겨울나기** 모름

# 수염홍반디 *Macrolycus aemulus*

수염홍반디는 온몸이 누런 털로 덮여 있다. 딱지날개는 짙은 붉은색이고 나머지 몸은 까맣다. 앞가슴등판 뒤쪽 모서리가 튀어나오지 않고 평평하다. 딱지날개에는 세로로 튀어나온 선이 4개씩 있다.

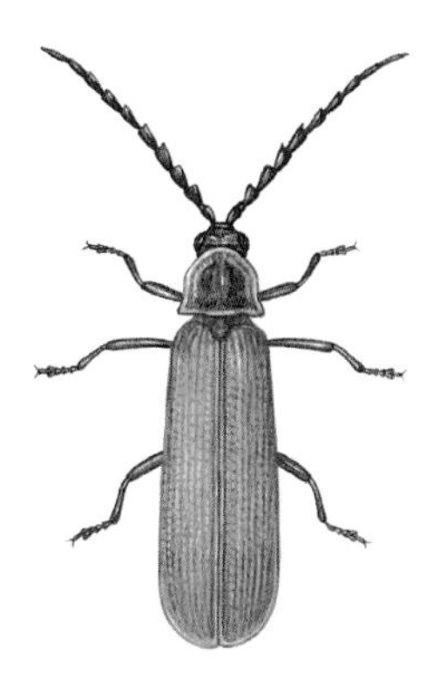

**고려홍반디아과**
**몸길이** 6~8mm
**나오는 때** 4~5월
**겨울나기** 모름

## 고려홍반디 *Plateros purus*

고려홍반디는 온몸에 노란 털이 덮여 있다. 앞가슴등판 가운데는 까맣고, 가장자리는 노랗다. 앞가슴등판 앞쪽이 늘어나 머리를 살짝 덮는다. 더듬이와 다리는 밤색이다. 딱지날개에는 세로로 솟은 줄이 4개씩 있고, 그물처럼 얽힌 줄무늬가 있다. 고려홍반디아과는 앞가슴등판 옆 가장자리에 가로로 솟은 융기선이 없다.

**고려홍반디아과**
**몸길이** 7~12mm
**나오는 때** 5~6월
**겨울나기** 모름

## 굵은뿔홍반디 *Ponyalis quadricollis*

굵은뿔홍반디는 딱지날개가 빨갛고 몸은 까맣다. 몸에 노란 털이 드문드문 나 있다. 수컷은 더듬이 1~4마디가 톱니처럼 생겼고, 5~11마디는 빗살처럼 길쭉하다. 암컷은 모두 톱니처럼 생겼다. 딱지날개에는 세로로 솟은 줄이 4개씩 있고, 그물처럼 얽힌 줄무늬가 있다.

**별홍반디아과**
**몸길이** 4～8mm
**나오는 때** 6～8월
**겨울나기** 모름

## 거무티티홍반디 *Benibotarus spinicoxis*

거무티티홍반디는 딱지날개에 세로로 솟은 줄이 3개씩 있는데, 첫 번째 솟은 세로줄은 날개 1/2쯤 되는 곳에서 퇴화되었다. 또 그물처럼 얽힌 무늬가 나 있다. 몸은 누런 털로 덮여 있다. 몸 등은 짙은 밤색이고, 배는 밤색이다. 앞가슴등판은 튀어나온 선 때문에 5구역으로 나뉜다. 수컷은 더듬이 1~8마디가 톱니처럼 생겼고, 9~11마디는 실처럼 길쭉하다. 암컷은 수컷보다 몸빛이 더 짙고, 몸길이는 더 길고 넓적하다.

**애반딧불이아과**
**몸길이** 5~10mm
**나오는 때** 5~7월
**겨울나기** 애벌레

## 애반딧불이 *Luciola lateralis*

애반딧불이는 우리나라 반딧불이 가운데 몸집이 가장 작다. 암컷은 꽁무니 불빛이 약하고, 수컷은 세다. 암컷은 배가 7마디이고, 수컷은 6마디다. 5~6번째 배마디에서 빛이 난다. 앞가슴등판이 앞쪽으로 늘어나지 않아 머리를 덮지 않는다. 어른벌레는 골짜기가 있는 낮은 산이나 시골 논 둘레에서 볼 수 있다. 6월에 가장 많이 보인다. 암컷은 거의 풀잎에 앉아 있고, 수컷이 날아다닌다. 어른벌레는 두 주쯤 산다.

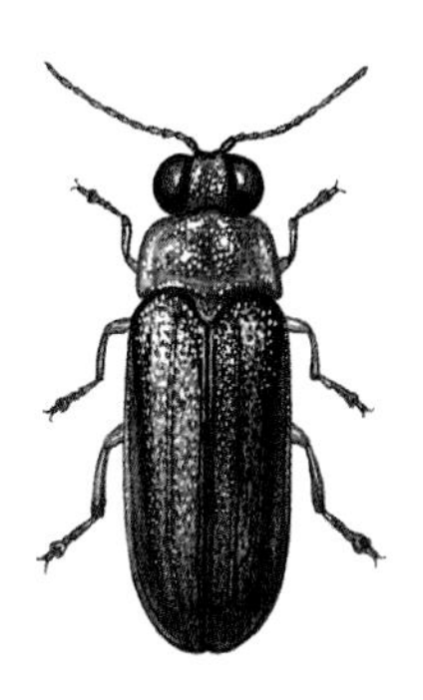

**애반딧불이아과**
**몸길이** 7～10mm
**나오는 때** 5～7월
**겨울나기** 애벌레

## 운문산반딧불이 *Luciola unmunsana*

운문산반딧불이는 애반딧불이와 닮았다. 애반딧불이는 작은방패판이 까만데, 운문산반딧불이는 빨갛다. 머리와 딱지날개는 까맣고 앞가슴등판은 빨간데, 앞가슴등판 앞쪽 가운데에 까만 무늬가 있다. 더듬이는 실처럼 가늘다. 수컷은 배마디가 6마디이고, 5~6번째 배마디에서 빛이 난다. 암컷은 배마디가 7마디이고, 6번째 배마디에서 빛이 난다. 우리나라에서만 사는 반딧불이다.

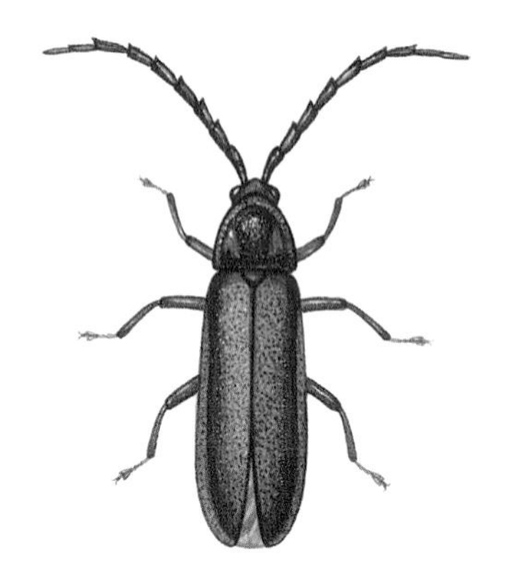

**반딧불이아과**
**몸길이** 8~10mm
**나오는 때** 5~6월
**겨울나기** 모름

## 꽃반딧불이 *Lucidina kotbandia*

꽃반딧불이는 앞가슴등판 양옆에 빨간 무늬가 한 쌍 있다. 다른 반딧불이와 달리 어른벌레는 빛을 반짝이지 않는다. 머리는 앞가슴등판에 가려 위에서 안 보인다. 배는 8마디로 되어 있다. 7번째 배마디에 빛을 내는 기관이 흔적만 남았다. 숲길이나 산길 옆 풀숲에서 보인다. 어른벌레는 5~6월에 나와 느릿느릿 날아다닌다. 애벌레는 땅에서 사는데 어른벌레와 달리 희미한 빛을 낸다.

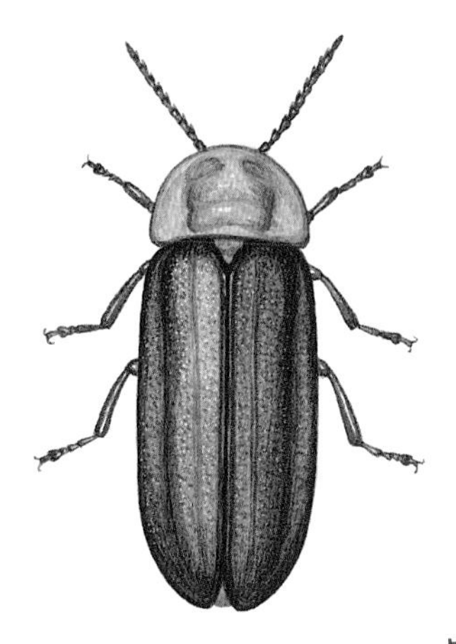

**반딧불이아과**
**몸길이** 15~18mm
**나오는 때** 7~9월
**겨울나기** 애벌레

## 늦반딧불이 *Pyrocoelia rufa*

늦반딧불이는 우리나라에서 가장 크고 가장 늦게 나오는 반딧불이다. 수컷은 날개가 있어서 잘 날아다니지만, 암컷은 날개가 없고 배가 커다랗다. 앞가슴등판에는 투명한 막처럼 생긴 곳이 있다. 어른벌레는 8월에 가장 많이 보인다. 산기슭에 흐르는 맑은 개울가나 그늘진 풀숲에서 산다. 암컷이 땅이나 풀잎에 앉아 꽁무니에서 빛을 내면 수컷이 날아와 짝짓기를 한다. 배 끝 두 마디에서 빛을 낸다. 어른벌레는 2주쯤 산다.

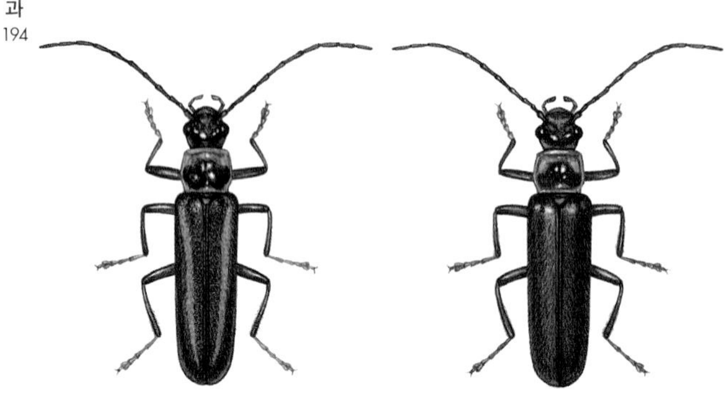

**병대벌레아과**
**몸길이** 7~9mm
**나오는 때** 4~5월
**겨울나기** 모름

## 노랑줄어리병대벌레 *Lycocerus nigrimembris*

노랑줄어리병대벌레는 가슴이 주황색인데, 가운데에 까만 큰 점이 있다. 딱지날개에 이름처럼 노란 세로 줄무늬가 있는데, 가끔 줄이 없기도 하다. 몸은 까맣다. 어른벌레는 낮에 여기저기 핀 꽃을 찾아 풀밭을 날아다닌다. 꽃과 나무줄기를 오르내리며 힘없는 벌레를 잡아먹는다. '병대'는 '군인 무리'라는 뜻이다. 영어로는 '군인 딱정벌레'라는 뜻인 'soldier beetle'이라고 한다. 북녘에서는 병대벌레를 '잎반디'라고 한다.

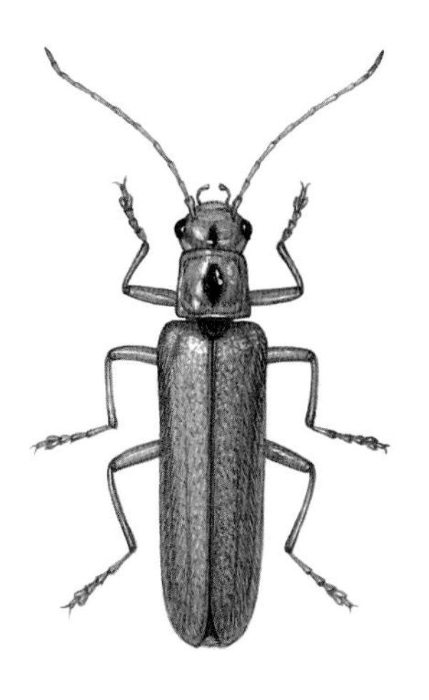

**병대벌레아과**
**몸길이** 10～13mm
**나오는 때** 5～6월
**겨울나기** 애벌레

## 회황색병대벌레 *Lycocerus vitellinus*

회황색병대벌레는 온몸이 주황색이다. 앞가슴등판에는 까만 무늬가 있다. 암수 모두 앞다리와 가운뎃다리 발톱에 혹처럼 생긴 돌기가 있다. 어른벌레는 낮은 산이나 들판 풀밭에서 산다. 낮에 나와 나뭇잎이나 풀밭 여기저기를 돌아다니면서 진딧물, 파리, 깍지벌레, 잎벌레, 작은 나방 따위를 잡아먹는다. 먹을 것이 없으면 같은 병대벌레 무리도 잡아먹는다. 애벌레로 겨울을 나고, 이듬해 5월쯤 되면 어른벌레로 날개돋이 해서 땅 밖으로 나온다.

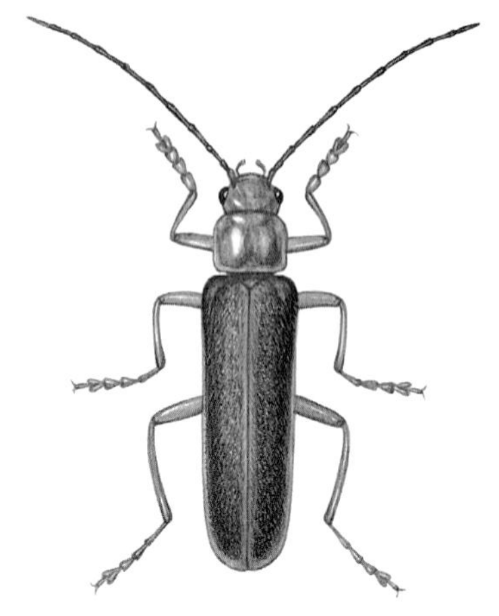

**병대벌레아과**
**몸길이** 11~15mm
**나오는 때** 5~6월
**겨울나기** 애벌레

## 서울병대벌레 *Cantharis soeulensis*

서울병대벌레는 머리와 앞가슴등판이 누런 밤색이고, 딱지날개는 까맣다. 하지만 개체마다 색깔이 다르다. 딱지날개가 맞닿는 곳과 테두리는 누런 밤색이다. 딱지날개는 옆이 나란하다. 더듬이와 다리는 붉은 밤색이다. 앞가슴등판 위쪽과 아래쪽 폭이 거의 같다. 어른벌레는 들판이나 낮은 산 풀밭에서 산다. 5월에 가장 많이 보인다. 낮에 돌아다니면서 진딧물 같은 작은 벌레를 잡아먹기도 하고, 식물을 먹기도 한다.

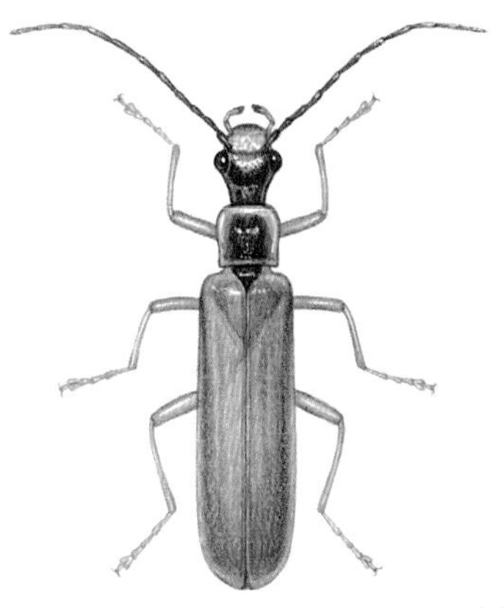

**병대벌레아과**
**몸길이** 10~14mm
**나오는 때** 5~6월
**겨울나기** 모름

## 등점목가는병대벌레 *Hatchiana glochidiata*

등점목가는병대벌레는 앞가슴등판이 누런 밤색이고, 가운데가 불룩 튀어나왔다. 그 뒤로는 네모나게 들어갔다. 딱지날개는 거무스름한데, 딱지날개가 맞붙은 곳은 누렇다. 암컷은 수컷보다 몸빛이 더 어둡고, 몸은 더 길고 넓적하다. 어른벌레는 풀밭이나 논밭 둘레, 숲 가장자리에서 보인다. 진딧물이나 깔따구 따위를 잡아먹는다.

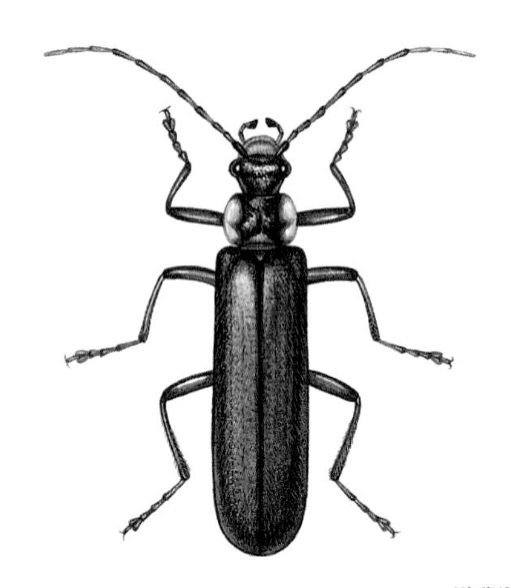

**병대벌레아과**
**몸길이** 14~17mm
**나오는 때** 5~7월
**겨울나기** 모름

## 노랑테병대벌레 *Podabrus dilaticollis*

노랑테병대벌레는 우리나라에 사는 병대벌레 가운데 가장 크다. 앞가슴등판 옆 가장자리가 노랗고 뒤쪽 모서리가 뭉툭하다. 겹눈 앞쪽과 앞가슴등판 양쪽 가장자리는 누렇다. 수컷은 다리 발톱마디 끝이 모두 갈라졌다. 작은방패판은 끝이 둥그런 혀처럼 생겼다. 암컷은 수컷보다 몸빛이 더 어둡고, 수컷보다 길고 넓적하다. 어른벌레는 높은 산에서 5~6월에 보인다. 작은 벌레나 진딧물을 잡아먹는다.

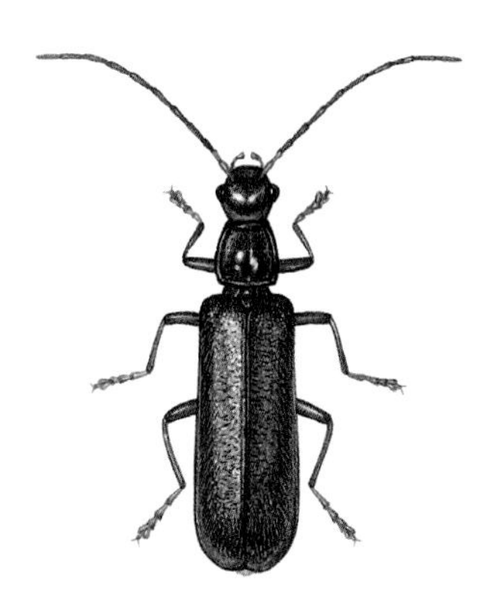

**병대벌레아과**
**몸길이** 5～8mm
**나오는 때** 5～6월
**겨울나기** 모름

## 우리산병대벌레 *Rhagonycha coreana*

우리산병대벌레는 몸이 까맣다. 더듬이는 1, 2마디만 누런 밤색이고 나머지는 까맣다. 앞가슴등판은 네모나고 옆 가장자리가 곧게 뻗는다. 다리는 까만데, 허벅지마디와 종아리마디 관절과 앞다리와 가운뎃다리 종아리마디는 밤색이다.

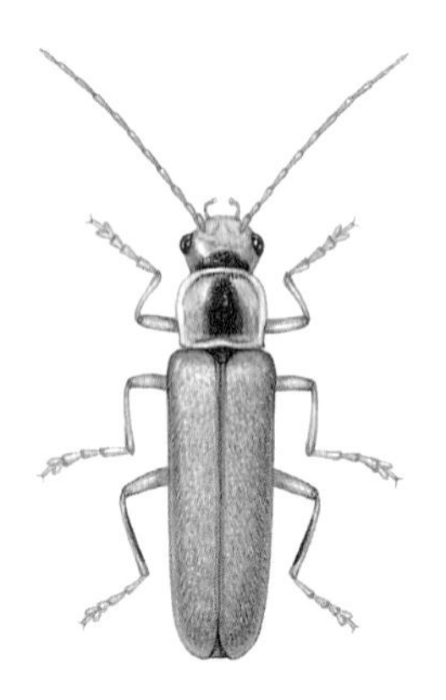

**병대벌레아과**
**몸길이** 6~8mm
**나오는 때** 5~6월
**겨울나기** 모름

## 붉은가슴병대벌레 *Cantharis plagiata*

붉은가슴병대벌레는 몸이 노랗다. 머리 정수리와 앞가슴등판 가운데는 까맣다. 딱지날개와 다리도 노란데, 뒷다리 종아리마디에 까만 띠무늬가 있다. 어른벌레는 숲 가장자리나 냇가, 골짜기에서 보인다. 진딧물 같은 힘없는 작은 벌레를 잡아먹고, 꽃가루도 먹는다.

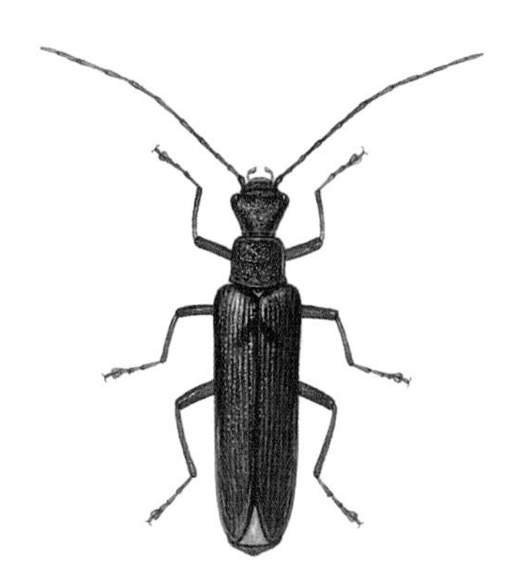

**밑빠진병대벌레아과**
**몸길이** 4～6mm
**나오는 때** 5～6월
**겨울나기** 모름

## 밑빠진병대벌레 *Malthinus quadratipennis*

밑빠진병대벌레는 온몸이 까맣다. 더듬이가 몸길이보다 길다. 앞가슴 등판은 네모나다. 딱지날개에 뒤쪽으로 뒷날개가 살짝 나와 있다.

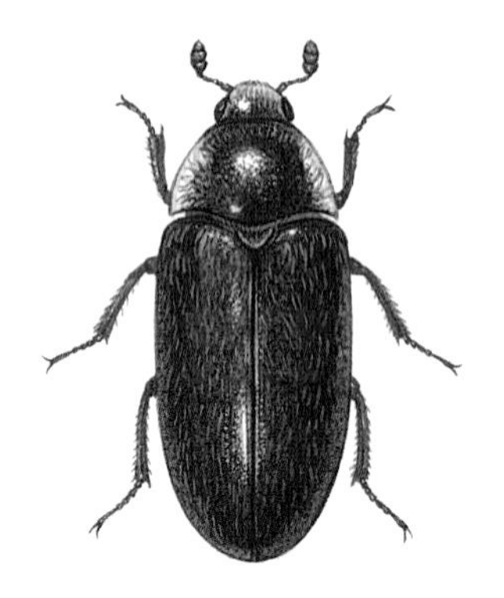

**수시렁이아과**
**몸길이** 9mm 안팎
**나오는 때** 4～7월
**겨울나기** 어른벌레

## 암검은수시렁이 *Dermestes maculatus*

암검은수시렁이는 온몸이 검은 밤색이고 기다란 털로 덮였다. 더듬이 끝 세 마디가 공처럼 둥글다. 동물 표본처럼 바짝 마른 동물 주검이나 말린 생선 따위를 잘 먹는다. 짝짓기를 마친 암컷은 알을 140개쯤 낳는다고 한다. 어른벌레로 겨울을 난다.

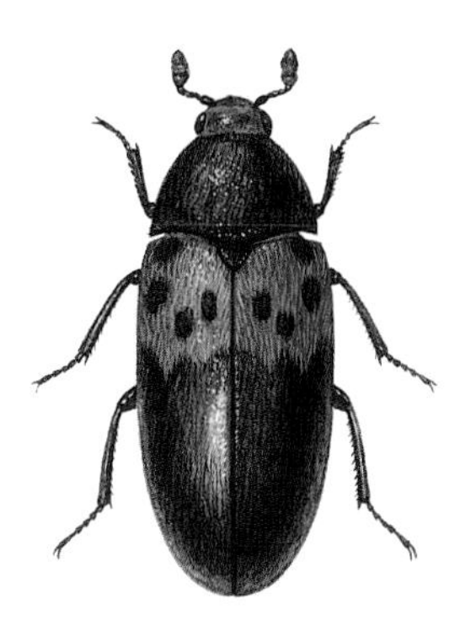

**수시렁이아과**
**몸길이** 7~8mm
**나오는 때** 5~6월
**겨울나기** 모름

## 홍띠수시렁이 *Dermestes vorax*

홍띠수시렁이는 수시렁이 무리 가운데 몸집이 큰 편이다. 딱지날개 앞쪽이 넓게 붉은색을 띤다. 또 작은 점무늬가 서너 쌍 있다. 수시렁이 무리 가운데 흔하게 보인다. 어른벌레나 애벌레나 온갖 곡식을 갉아 먹는다. 또 동물 가죽이나 박물관 표본, 바닥 깔개, 동물성 식품 따위를 가리지 않고 먹는다. 암컷은 5월에 알을 100~200개 낳는다. 알에서 나온 애벌레는 1~3달 동안 허물을 7번쯤 벗고 자란다.

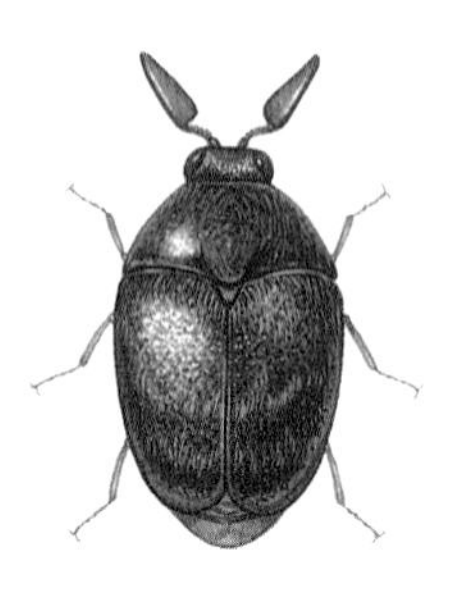

**곡식수시렁이아과**
**몸길이** 3mm 안팎
**나오는 때** 6~10월
**겨울나기** 모름

## 굵은뿔수시렁이 *Thaumaglossa rufocapillata*

굵은뿔수시렁이는 더듬이가 11마디인데, 끝마디가 마치 칼처럼 생겼다. 온몸은 까맣고, 노란 털이 나 있다. 사는 모습은 더 밝혀져야 한다. 애벌레는 박물관 표본이나 집에 깔린 카펫이나 털옷 따위를 갉아 먹는다.

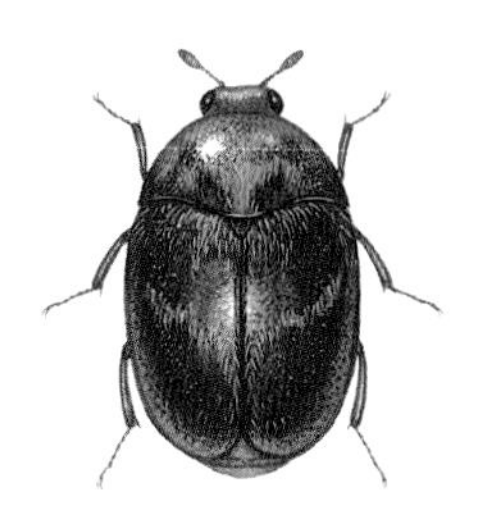

**알락수시렁이아과**
**몸길이** 3～4mm
**나오는 때** 4～10월
**겨울나기** 애벌레

## 사마귀수시렁이 *Anthrenus nipponensis*

사마귀수시렁이는 몸이 검다. 암컷이 사마귀 알집에 알을 낳으면, 애벌레는 알집 속을 파먹고 자란다. 애벌레로 겨울을 난다고 한다. 어른벌레는 낮은 산에서 산다.

**알락수시렁이아과**
**몸길이** 2~3mm
**나오는 때** 4~6월
**겨울나기** 애벌레

## 애알락수시렁이 *Anthrenus verbasci*

애알락수시렁이는 딱지날개가 까만데, 하얗거나 노란 가루가 물결처럼 덮여서 무늬처럼 보인다. 손으로 만지면 가루가 벗겨진다. 어른벌레는 냇가나 논밭, 마을, 숲 가장자리에서 보인다. 어른벌레는 낮에 여러 꽃에 날아와 꽃가루를 먹는다. 암컷은 바짝 마른 동물성 먹이에 알을 낳는다. 애벌레로 겨울을 난 뒤 봄에 어른벌레가 된다.

**권연벌레아과**
**몸길이** 2～4mm
**나오는 때** 4～9월
**겨울나기** 애벌레

## 권연벌레 *Lasioderma serricorne*

권연벌레는 몸이 붉은 밤색을 띠고, 누런 털로 덮여 있다. 따뜻한 날씨를 좋아하고, 오래된 집에서 자주 보인다. 여러 가지 마른 동물이나 식물을 갉아 먹는다. 갈무리해 둔 담배 잎도 잘 갉아 먹고 곤충 표본도 갉아 먹는다. 손으로 건들면 죽은 척한다. 어른벌레는 2 ~ 4주쯤 산다. 짝짓기를 마친 암컷은 알을 110개쯤 낳는다. 애벌레로 겨울을 난다고 한다.

**진표본벌레아과**
**몸길이** 2～3mm
**나오는 때** 5～8월
**겨울나기** 모름

## 동굴표본벌레 *Gibbium psyllioides*

동굴표본벌레는 동굴에서 사는 표본벌레라는 뜻이 아니고, 몸이 둥그렇게 생겨서 붙은 이름이다. 생김새가 꼭 전구를 닮았다. 온몸은 붉은 밤색으로 반짝거린다. 집에서도 보인다. 마른 음식이나 갈무리한 곡식, 바닥에 깔은 깔개나 카펫 따위를 갉아 먹는다. 짝짓기를 마친 암컷은 알을 50 ~ 100개쯤 낳는다고 한다. 표본벌레는 우리나라에 4종쯤 산다. 거미를 닮아서 '거미딱정벌레'라고도 한다.

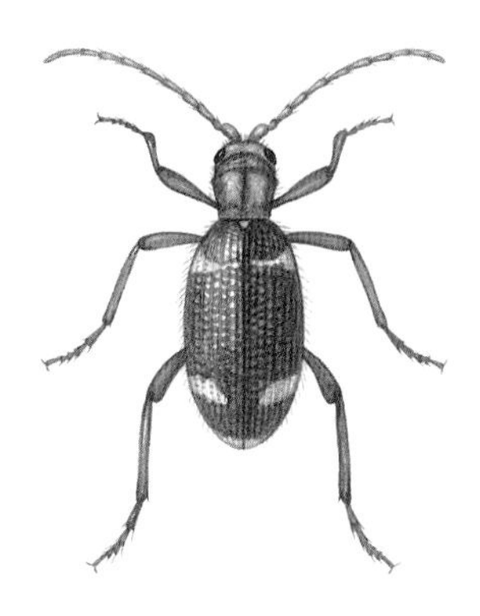

**표본벌레아과**
**몸길이** 2~5mm
**나오는 때** 2~9월
**겨울나기** 어른벌레, 애벌레

## 길쭉표본벌레 *Ptinus japonicus*

길쭉표본벌레는 이름처럼 몸이 길쭉하다. 어른벌레는 동물 표본을 잘 갉아 먹고, 애벌레는 곡식 따위를 갉아 먹는다. 한 해에 1~2번 날개돋이 한다. 수컷은 딱지날개 양옆이 나란한데, 암컷은 표주박처럼 살짝 둥글다. 어른벌레로 5달쯤 산다. 어른벌레나 애벌레로 겨울을 난다.

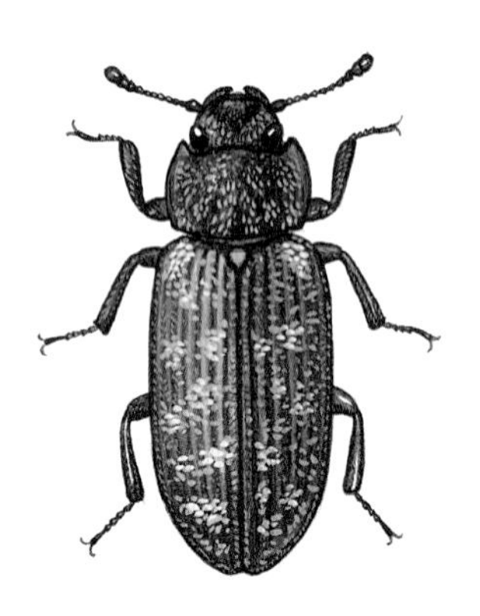

**쌀도적아과**
**몸길이** 10~13mm
**나오는 때** 5~8월
**겨울나기** 어른벌레

## 얼러지쌀도적 *Leperina squamulosa*

얼러지쌀도적은 낮은 산에서 볼 수 있다. 썩은 나무껍질 속에서 많이 산다. 나무를 잘라 쌓아 놓은 곳에서 많이 보인다. 몸이 납작해서 나무 틈에 잘 숨는다. 몸빛도 나무 빛깔이랑 비슷해서 눈에 잘 안 띈다. 딱지날개에는 홈이 파여 생긴 세로줄이 10줄씩 있다. 딱지날개 앞쪽보다 뒤쪽이 더 넓다. 어른벌레는 다른 벌레를 잡아먹고, 애벌레는 쌀이나 밀가루, 잎담배 같은 식물을 갉아 먹는다. 나무껍질 밑에서 어른벌레로 겨울을 난다.

**쌀도적아과**
**몸길이** 10mm 안팎
**나오는 때** 4~7월
**겨울나기** 애벌레, 어른벌레

## 쌀도적 *Tenebroides mauritanicus*

쌀도적은 사람이 갈무리한 쌀이나 보리 같은 곡식이나 잎담배 더미 속에서 산다. 어른벌레는 갈무리한 곡식에 사는 쌀바구미 같은 벌레를 잡아먹고, 애벌레는 갈무리한 곡식을 갉아 먹는다. 쌀도적이 살면 곡식을 갉아 먹는 바구미 같은 다른 벌레들도 함께 보인다. 한 해에 한 번 날개돋이 한다. 짝짓기를 마친 암컷은 갈무리한 곡식에 알을 500~1000개쯤 덩어리로 낳는다.

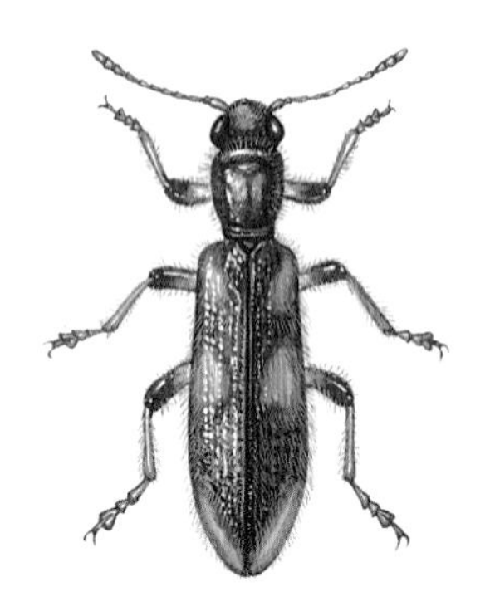

**개미붙이아과**
**몸길이** 8~11mm
**나오는 때** 5~9월
**겨울나기** 모름

## 얼룩이개미붙이 *Opilo carinatus*

얼룩이개미붙이는 몸이 검은 밤색으로 반짝거린다. 온몸에는 밤색 털이 덮여 있다. 딱지날개에는 밤색 무늬가 나 있다. 산이나 들판에서 볼 수 있다. 밤에 나무를 돌아다니며 나무껍질 밑에 사는 하늘소나 거저리, 버섯벌레 같은 곤충 애벌레를 잡아먹는다. 꽃에 날아오기도 하고, 밤에 불빛으로 날아오기도 한다. 요즘에는 긴개미붙이와 같은 종으로 여기기도 한다. 개미붙이과는 우리나라에 20종쯤 산다. 생김새가 개미와 닮았다고 '개미붙이'라는 이름이 붙었다.

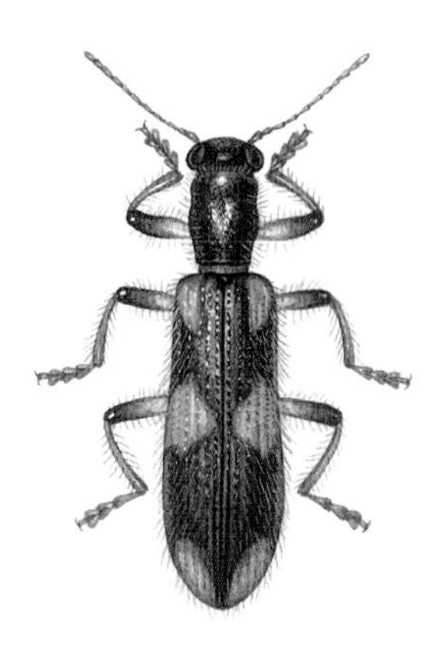

**개미붙이아과**
**몸길이** 8~13mm
**나오는 때** 7~9월
**겨울나기** 모름

## 긴개미붙이 *Opilo mollis*

긴개미붙이는 몸이 길쭉하다. 머리와 앞가슴등판은 까맣고, 딱지날개에 누런 밤색 무늬가 있다. 집개미붙이와 닮았는데, 긴개미붙이는 딱지날개에 파인 점무늬가 삐뚤빼뚤하다. 줄무늬개미붙이와도 닮았는데, 긴개미붙이는 딱지날개 앞과 가운데에 있는 노란 무늬가 떨어져 있어서 다르다. 어른벌레는 논밭이나 숲 가장자리에서 보인다.

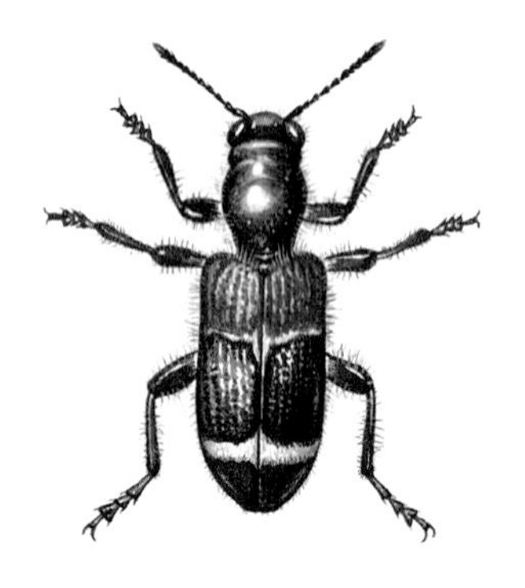

**개미붙이아과**
**몸길이** 7~10mm
**나오는 때** 4~8월
**겨울나기** 모름

## 개미붙이 *Thanassimus lewisi*

개미붙이는 머리와 가슴이 까맣다. 딱지날개 위쪽은 빨갛고, 아래쪽에는 하얀 띠무늬가 있다. 온몸에는 누런 털이 빽빽하게 덮여 있다. 더듬이는 실처럼 가늘고 까맣다. 어른벌레는 낮은 산이나 들판에서 4월부터 볼 수 있다. 소나무를 잘라 쌓아 놓은 무더기에서 많이 보인다. 낮에 나와 재빠르게 돌아다니면서 다른 벌레를 잡아먹는다. 성질이 사납다. 애벌레는 나무껍질 밑에서 다른 곤충 애벌레를 잡아먹는다.

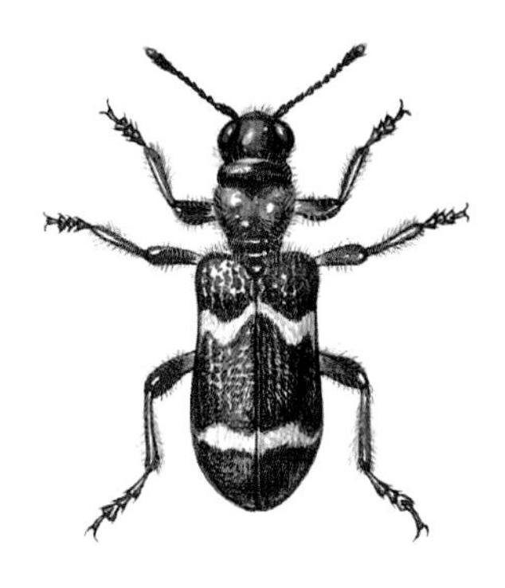

**개미붙이아과**
**몸길이** 7~9mm
**나오는 때** 5~6월
**겨울나기** 모름

## 가슴빨간개미붙이 *Thanassimus substriatus substriatus*

가슴빨간개미붙이는 이름처럼 가슴이 빨갛다. 딱지날개는 여러 색깔 무늬가 있다. 딱지날개 위쪽은 빨갛고, 그 뒤로 하얀 물결 같은 띠가 있고 그 뒤로 까맣다가 꽁무니 쪽에 또 하얀 띠무늬가 있다. 어른벌레는 소나무를 잘라 쌓아 놓은 곳에서 자주 보인다. 낮에 나와 돌아다니면서 작은 벌레를 잡아먹는다.

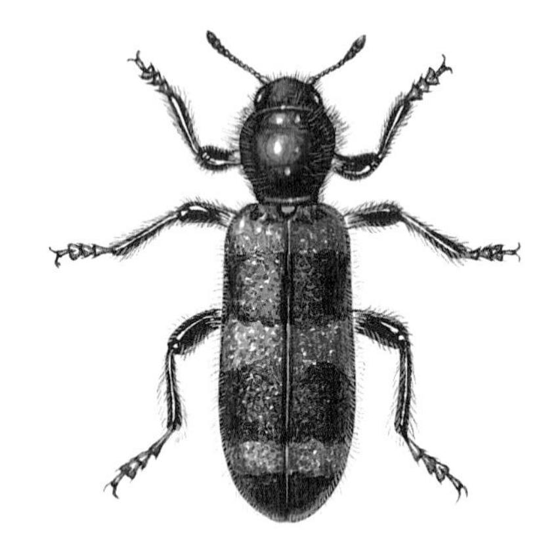

**개미붙이아과**
**몸길이** 14~18mm
**나오는 때** 5~8월
**겨울나기** 모름

## 불개미붙이 *Trichodes sinae*

불개미붙이는 우리나라 개미붙이 가운데 몸집이 가장 크고 몸빛도 뚜렷하다. 온몸은 파랗고, 반짝거린다. 온몸에 털이 나 있다. 딱지날개에는 빨간 가로줄이 세 줄 나 있다. 어른벌레는 온 나라 논밭이나 냇가, 숲 가장자리 풀밭에서 볼 수 있다. 날씨가 맑은 낮에 들판에 핀 꽃을 이리저리 옮겨 다니며 꿀이나 꽃가루를 먹는다. 가끔 꽃에 날아온 다른 벌레를 잡아먹기도 한다. 애벌레는 벌집에 들어가 벌 애벌레를 잡아먹는다.

**무늬의병벌레아과**
**몸길이** 5mm 안팎
**나오는 때** 5~6월
**겨울나기** 모름

## 노랑무늬의병벌레 *Malachius prolongatus*

노랑무늬의병벌레는 머리 앞쪽, 앞가슴등판 가장자리, 날개 끝과 다리 일부분이 노랗다. 어른벌레는 늪이나 연못, 시냇물 둘레 풀밭에서 보인다. 몸집은 작지만 진딧물이나 매미충, 작은 파리 같은 다른 작은 벌레를 잡아먹고, 때로는 꽃가루도 먹는다. 갈고리처럼 휘어진 큰턱으로 먹이를 잡아 씹어 먹는다. 애벌레는 나무껍질이나 가랑잎 더미 속을 여기저기 돌아다니면서 다른 작은 벌레를 잡아먹는다.

# 딱정벌레 더 알아보기

## 송장풍뎅이과

송장풍뎅이 무리는 이름처럼 동물 주검에 꼬이는 딱정벌레다. 송장벌레와 함께 여러 가지 동물 주검을 깨끗이 먹어치워서 청소부 노릇을 한다. 온 세계에 330종쯤 살고, 우리나라에는 10종이 산다고 알려졌는데, 수가 아주 적고 사는 모습도 잘 밝혀지지 않았다. 몸 등에 혹처럼 튀어나온 돌기가 오톨도톨 잔뜩 나 있어서 서양 사람들은 '가죽 딱정벌레(skin beetle)'라고 한다. 온몸은 밤색이나 잿빛이나 검은색을 띤다. 온몸은 늘 지저분한 오물을 뒤집어쓰고 있다. 더듬이는 10마디인데 마지막 세 마디는 곤봉처럼 볼록하다. 배마디에 있는 숨구멍이 배 옆쪽으로 나 있다. 밤에 나와 돌아다니며 동물 주검에 모여 마른 가죽이나 새 깃털, 뼈 따위를 갉아 먹는다. 밤에 불을 보고 날아오기도 한다. 배 꽁무니를 비벼서 '찍찍'하고 소리를 낸다. 애벌레로 6~8주를 산다.

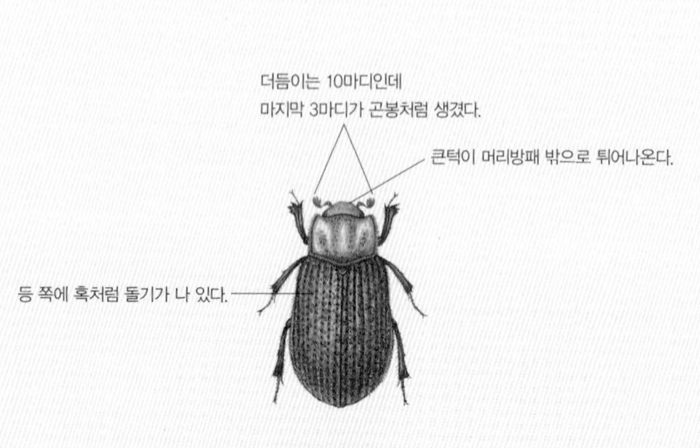


송장풍뎅이

## 금풍뎅이과

금풍뎅이 무리는 온 세계에 620종쯤 살고 있고, 우리나라에는 4종이 있다. 과명인 'Geotrupidae'는 땅을 뜻하는 'geos'와 파다는 뜻인 'trypetes'라는 그리스 말에서 왔는데, '땅을 파는 벌레'라는 뜻이다.

금풍뎅이 무리는 햇볕을 받으면 온몸이 아롱다롱 쇠붙이처럼 번쩍거리는 종이 많다. 몸은 둥글고 단단하다. 몸길이는 10~40mm쯤 된다. 다른 딱정벌레는 더듬이가 10마디지만, 금풍뎅이 무리는 11마디다. 더듬이 마지막 세 마디는 곤봉처럼 생겼다. 앞다리는 넓적하게 생겨서 땅을 잘 판다. 배마디에 있는 숨구멍이 배 옆쪽에 나 있다. 소똥구리처럼 소나 말 같은 동물 똥을 먹는다. 불빛을 보고 날아오기도 한다. 어른벌레와 애벌레 모두 소리를 내는 종이 많다. 어른벌레는 굴을 길게 파서 애벌레가 먹을 수 있게 썩은 잎이나 소나 말, 사람 똥을 소시지처럼 굴속에 모아 놓는다.

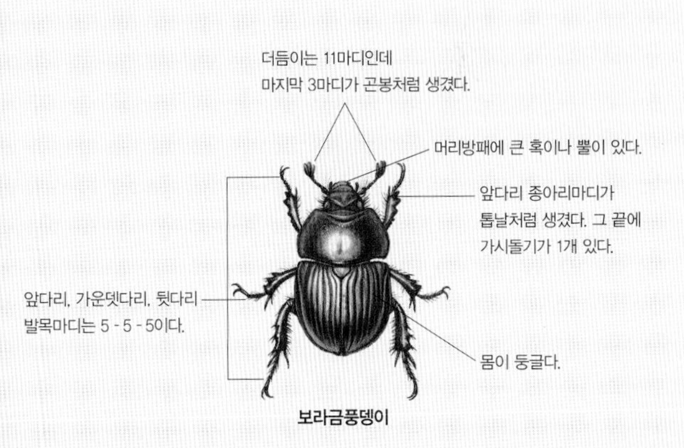

보라금풍뎅이

## 소똥구리과

소똥구리 무리는 소똥이나 말똥이 있는 곳에서 똥을 먹고 산다. 그래서 서양에서는 '똥 딱정벌레(dung beetles)'라고 한다. 소똥구리 무리는 온 세계에 5,000종쯤 사는데, 그 가운데 똥을 굴리는 소똥구리는 200종쯤 된다. 우리나라에는 33종이 사는데 소똥구리, 왕소똥구리, 긴다리소똥구리 3종만 똥을 굴린다. 어른벌레는 똥을 동그랗게 빚어 미리 파 놓은 굴로 굴려 간다. 굴속에 똥을 넣으면 그 속에 알을 낳는다. 알에서 나온 애벌레는 똥 경단을 먹고 자란다. 소똥구리는 지저분한 똥을 치워 청소부 노릇을 하고, 또 똥을 땅에 묻어 땅을 기름지게 만든다. 숨구멍이 배마디 옆으로 나 있다.

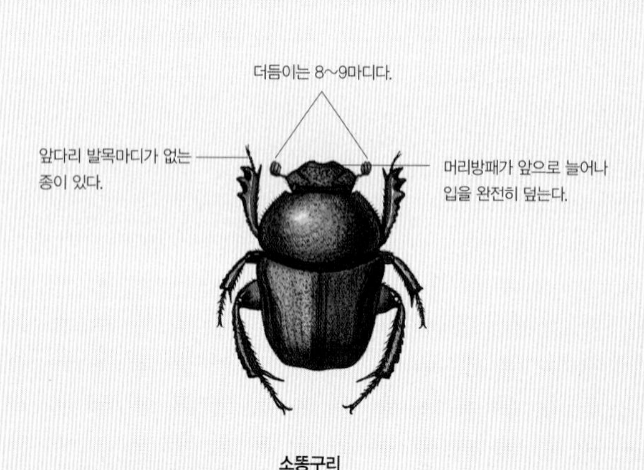

소똥구리

## 똥풍뎅이과

똥풍뎅이 무리는 온 세계에 3,200종쯤이 살고, 우리나라에는 50종쯤 산다. 소똥구리처럼 소똥이나 말똥에 많이 꼬인다. 산에서도 살고, 강가나 바닷가 모래 속에서도 살고, 개미집에서 개미와 함께 살기도 한다. 숨구멍이 배마디 옆으로 나 있다.

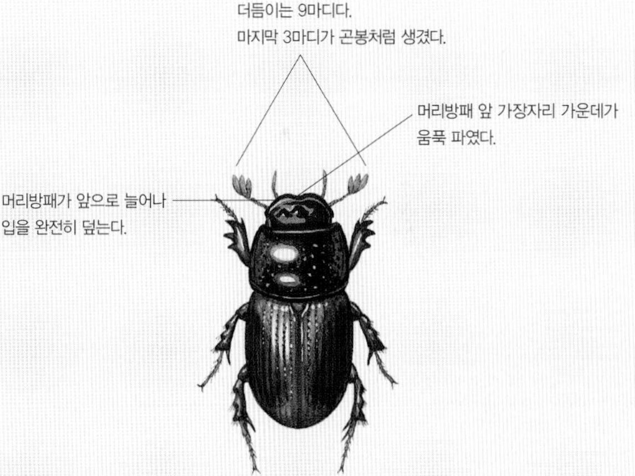

똥풍뎅이

## 붙이금풍뎅이과

붙이금풍뎅이 무리는 우리나라에 2종이 산다. 몸은 높고 길다. 더듬이는 9마디 또는 10마디이다. 더듬이 끝 3마디는 곤봉처럼 생겼고, 가루나 털 따위로 덮여 있다. 발목마디는 앞다리, 가운뎃다리, 뒷다리가 5-5-5마디이다. 종아리마디에 있는 며느리발톱은 앞다리에 1개, 가운뎃다리와 뒷다리에 2개 있다. 종 수는 적지만 온 세계에 산다.

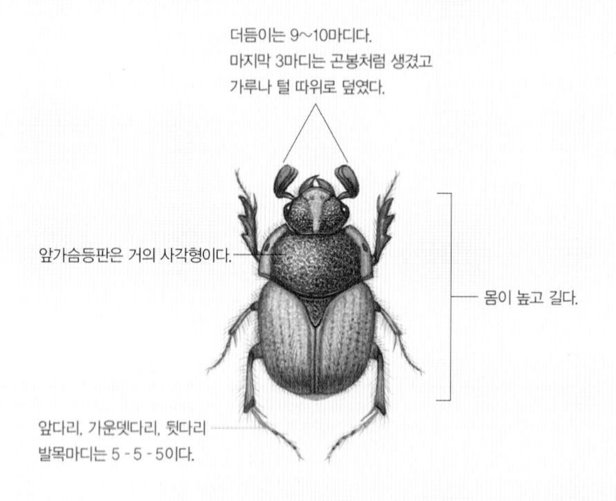


극동붙이금풍뎅이

## 검정풍뎅이과

검정풍뎅이과는 온 세계에 11,000종쯤 살고, 우리나라에는 50종쯤 산다. 몸집이 작은 것부터 큰 것까지 여러 가지다. 열대 지방에 사는 것들은 몸빛이 화려한 종도 있지만, 우리나라에 사는 것들은 몸빛이 거의 거무스름하다. 숨구멍이 배 위쪽으로 나 있다. 산이나 들에서 살면서 어른벌레는 여러 가지 식물 잎을 갉아 먹는다. 애벌레는 식물 뿌리를 먹고 사는데, 밭에 기르는 곡식과 채소 뿌리를 갉아 먹기도 한다.

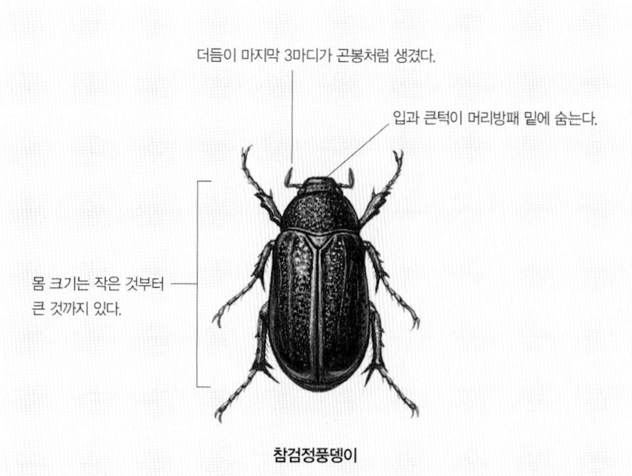


참검정풍뎅이

## 장수풍뎅이과

장수풍뎅이는 온 세계에 2,000종이 넘게 살고 있다고 한다. 거의 모든 종이 아메리카 대륙에서 산다. 중남미에 사는 헤라클레스장수풍뎅이는 뿔까지 재면 몸길이가 100mm나 된다. 우리나라에는 3종이 알려졌다. 숨구멍이 배 위쪽에 나 있다.

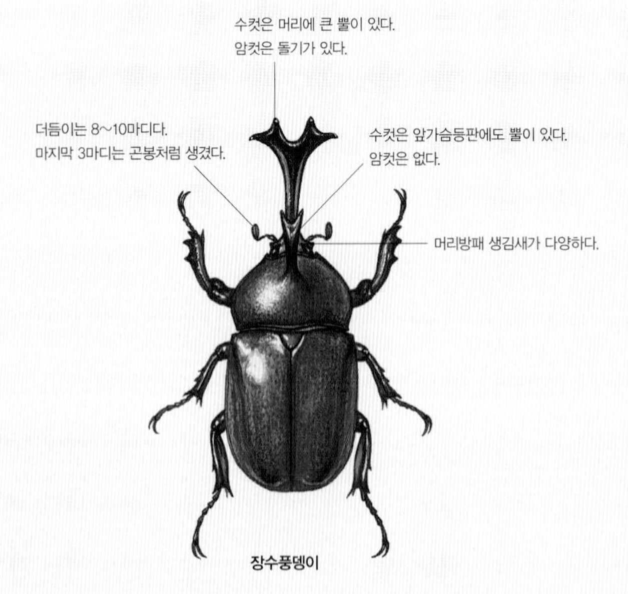

장수풍뎅이

## 풍뎅이과

풍뎅이과에는 여러 종류의 풍뎅이가 딸려 있다. 줄풍뎅이 무리, 콩풍뎅이 무리, 다색풍뎅이 무리, 금줄풍뎅이 무리가 많은데 그 가운데 줄풍뎅이 무리가 가장 많다. 종류는 갖가지라도 사는 모습은 다 비슷하다. 또 숨구멍이 배 위쪽에 나 있다. 풍뎅이 무리는 딱지날개를 펼치고 나는데, 꽃무지 무리는 딱지날개를 닫은 채 옆구리에서 뒷날개가 삐져나와 난다. 낮은 산이나 들판에 사는데 과일나무나 마당에 심은 나무에도 많다. 어른벌레는 풀잎이나 나뭇잎을 갉아 먹고, 애벌레는 땅속에서 뿌리를 갉아 먹으며 자란다.

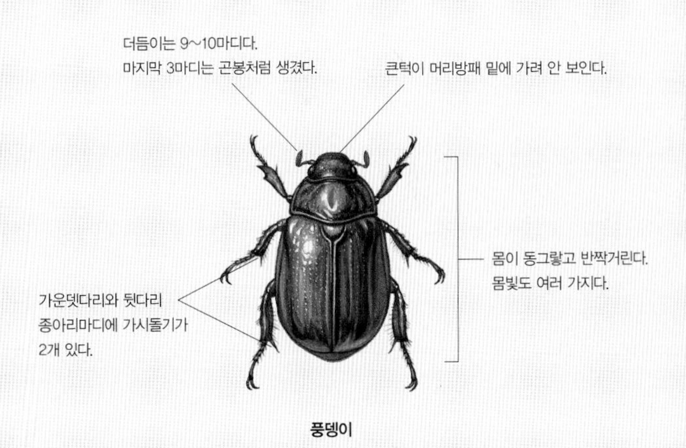


**풍뎅이**

## 꽃무지과

꽃무지 무리는 우리나라에 20종쯤이 알려졌다. 숨구멍이 배 위쪽에 나 있다. 꽃무지 무리는 이름처럼 꽃에 날아와 꽃가루나 꿀, 꽃잎을 먹는다. 꽃무지 무리는 몸이 무거워 하늘을 바라보고 피는 꽃에 잘 날아와 앉는다. 날렵하게 날지 못해서 한 꽃에 앉으면 오래도록 앉아 꽃가루를 먹는다. 애벌레 때에는 땅속에 살면서 썩은 가랑잎이나 나무 부스러기를 먹고 산다.

'꽃무지'는 등과 딱지날개에 하얀 무늬가 흩어져 있다. 꽃무지는 꽃에 잘 모이지만 '점박이꽃무지'는 꽃보다 나뭇진이 흘러나오는 나무줄기나 새가 쪼아서 흠집이 난 과일에 더 잘 모인다. 다른 풍뎅이들은 밤에 돌아다니는 것이 많지만 꽃무지들은 낮에 돌아다니는 것이 많다.

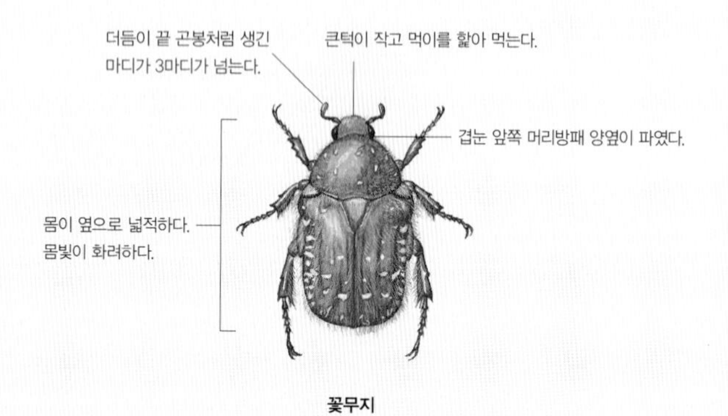


꽃무지

## 여울벌레과

여울벌레 무리는 온 세계에 1,200종쯤 살고, 우리나라에는 6종쯤 산다. 애벌레는 물살이 빠른 강이나 시냇가, 연못 물속에 있는 자갈이나 호박돌, 바위 밑에서 산다. 물속에서도 숨을 쉴 수 있다. 돌에 딱 붙어 거의 움직이지 않고 지낸다. 돌에 붙은 이끼나 다슬기 같은 여러 가지 벌레를 잡아먹고, 때때로 썩은 식물 부스러기를 먹기도 한다. 다 자란 애벌레는 물가나 강기슭으로 올라가서 번데기가 되었다가 어른벌레로 날개돋이 해서 날아간다.

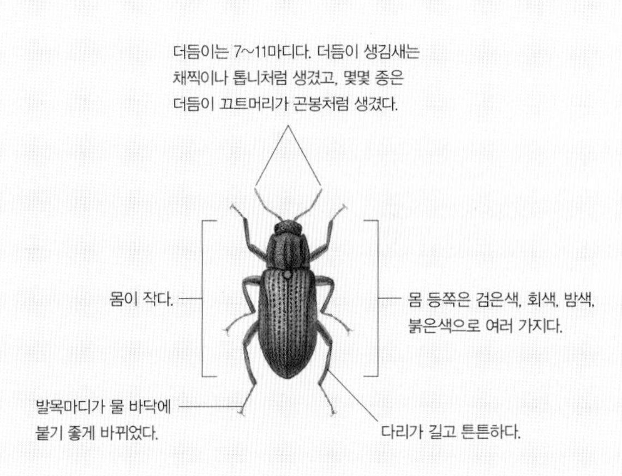


긴다리여울벌레

## 물삿갓벌레과

물삿갓벌레는 애벌레 생김새가 꼭 삿갓을 쓴 것처럼 생겼다고 이런 이름이 붙었다. 우리나라에 5종쯤 사는 것으로 알려졌다. 여울벌레나 진흙벌레처럼 애벌레 때에는 물속에서 살다가 물 밖으로 나와 어른벌레로 날개돋이 한다. 애벌레는 강이나 시냇가 물속 바위에 딱 붙어 살면서 썩은 식물 부스러기나 이끼, 작은 동물 따위를 먹고 산다. 몸 아래쪽은 넓적해서 바위에 착 달라붙는다. 다 큰 애벌레는 물 밖으로 나와 번데기가 된 뒤 어른벌레로 날개돋이 한다. 짝짓기를 마친 암컷은 물가 바위에 알을 낳고 죽는다.

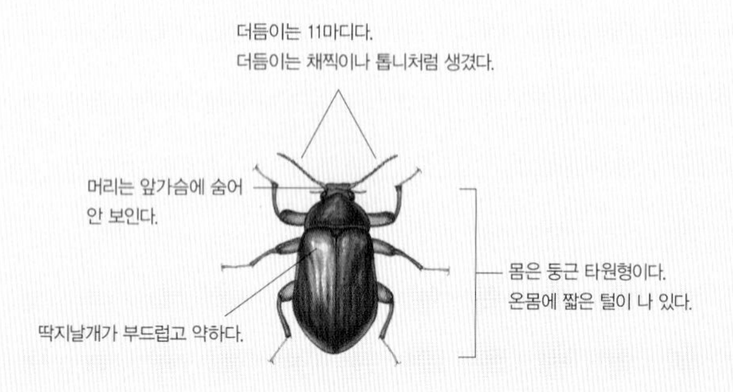


물삿갓벌레

## 진흙벌레과

진흙벌레 무리는 우리나라에 2종이 알려졌다. 애벌레는 강이나 시냇가 물속 진흙이나 모래 속에서 살면서 썩은 식물 부스러기나 이끼 따위를 먹는다. 다 자란 애벌레는 물 밖으로 나와 어른벌레로 날개돋이 한다. 어른벌레가 되어도 4~6mm 밖에 안 되서 눈에 잘 띄지 않는다. 배마디 옆면에 비벼서 소리를 낼 수 있는 장치가 한 쌍 있어서 소리를 낼 수 있다.

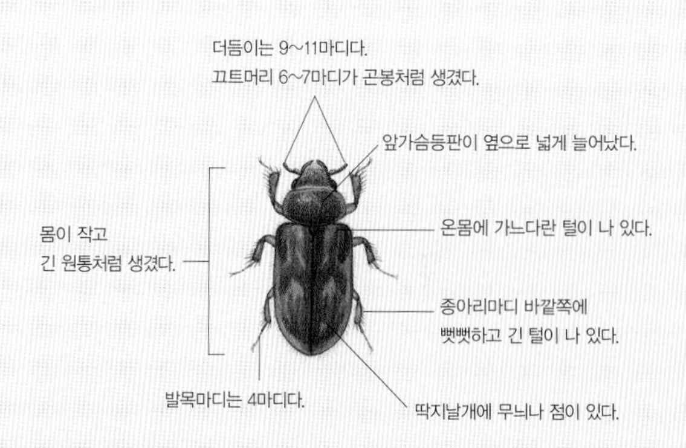


알락진흙벌레

## 비단벌레과

몸빛이 비단처럼 예쁘다고 비단벌레라는 이름이 붙었다. 온 세계에 12,000종쯤이 알려졌고, 우리나라에는 80종 넘게 알려졌다. 비단벌레 무리는 따뜻한 날씨를 좋아한다. 겨울 온도가 0도

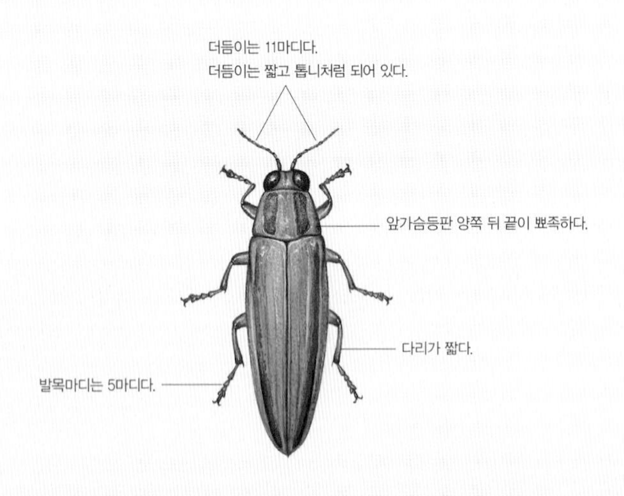


비단벌레

는 되어야 살아갈 수 있다. 그래서 우리나라 남쪽 바닷가에서 많이 산다.

비단벌레 무리는 거의 산에서 산다. 어른벌레는 낮에 돌아다닌다. 왕벚나무나 팽나무, 가시나무 같은 나무에서 많이 산다. 짝짓기를 마친 암컷은 나무껍질이나 애벌레가 먹는 식물 둘레 땅속에 알을 낳는다. 거의 모든 애벌레가 나무껍질 밑에 살면서 썩은 나무를 갉아 먹는다. 애벌레는 머리가 아주 작고 눈과 다리가 없다. 몸은 하얗거나 노르스름하다.

어른벌레는 몸이 위아래로 납작하고, 생김새가 앞뒤로 길쭉하다. 더듬이는 아주 짧다. 머리 앞쪽이 거의 반듯하다. 다른 딱정벌레는 딱지날개 아래에 속날개가 접혀 있는데, 비단벌레 무리는 속날개가 접혀 있지 않다. 딱지날개는 구릿빛이나 풀색, 파란색, 붉은색 따위를 띠는데, 쇠붙이처럼 아주 반짝거린다. 그래서 옛날 사람들은 비단벌레를 '옥충(玉蟲)'이라고 해서 잡아서 가구나 옷 장신구로 썼다.

## 방아벌레과

방아를 찧듯이 '딱'하는 소리를 내며 튀어 올랐다가 떨어진다고 '방아벌레'다. 똑딱 소리를 낸다고 '똑딱벌레'라고도 한다. 앞가슴 배 쪽에 기다란 돌기가 있다. 앞가슴과 가운데가슴 근육을 세게

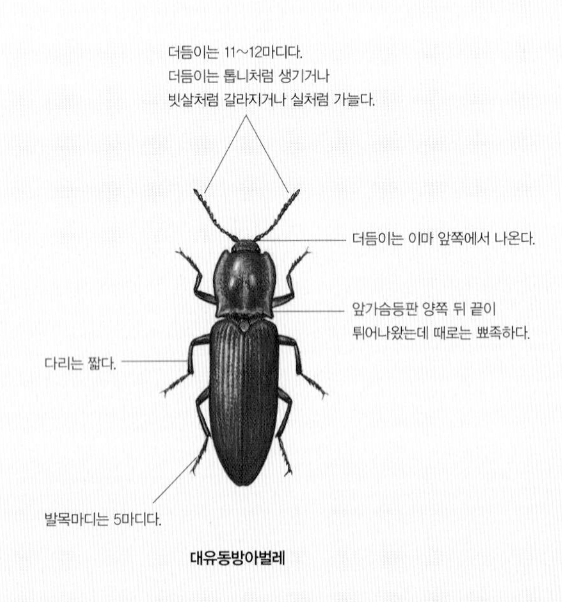


대유동방아벌레

당기면, 이 돌기가 마치 지렛대처럼 당겨지면서 높이 튀어 오른다.

방아벌레 무리는 온 세계에 9,000종쯤이 산다. 우리나라에는 100종쯤이 알려졌다. 방아벌레 무리는 몸이 납작하고 길쭉하며 단단하다.

어른벌레는 산이나 들판에서 볼 수 있다. 땅속이나 썩은 나무, 나무껍질 밑에서 산다. 나무줄기나 풀 위에 앉아 있는 일도 잦다. 더러는 개울가 모래땅에 사는 종류도 있지만 크기가 작아서 눈에 잘 띄지는 않는다. 저마다 몸 크기와 입맛이 다르다. 꽃가루나 꿀을 먹기도 하고, 진딧물 같은 작은 벌레를 잡아먹기도 한다. 밤에 나와 돌아다니고 낮에 잎 위에서 보이기도 한다. 밤에 불빛을 보고 날아오기도 한다. 애벌레는 땅속이나 나무껍질 밑, 썩은 나무 속에서 산다. 몸이 길고 매끈하고 단단해서 '철사벌레'라고도 한다. 나무속을 파고 다니며 하늘소 애벌레나 거저리 애벌레, 사슴벌레 애벌레 따위를 잡아먹는다.

## 홍반디과

홍반디 무리는 몸이 작고 길쭉하며 빛깔이 빨갛다. 눈에 잘 띄는 색깔을 가진 것은 몸에 독을 가지고 있다고 알리는 것이다. 홍반디 무리는 사람이 나타나도 서둘러 도망치지 않고 손으로 잡으면 고약한 냄새를 피운다. 홍반디는 몸에서 쓴맛이 나는 물을 낸다.

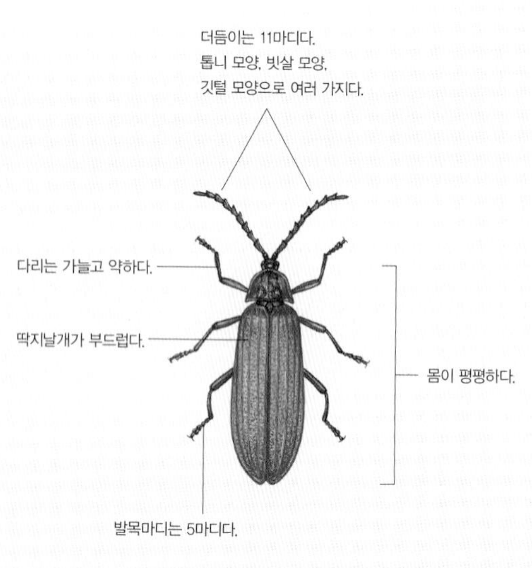


**큰홍반디**

홍반디 무리는 온 세계에 3,000종쯤이 사는데, 거의 열대 지방에서 산다. 우리나라에는 10종이 알려졌다. 그 가운데 흔히 보이는 종은 5종이다. 몸이 붉거나 까만 것이 많다. 더듬이는 톱날처럼 생겼거나 빗살처럼 생겼다. 딱지날개에는 그물처럼 얽힌 점무늬가 있다. 얼핏 보면 반딧불이와 비슷하게 생겼고 '반디'라는 이름이 붙었지만 반딧불이와 달리 밤에 빛을 내지 못한다. 또 홍날개와도 생김새가 무척 닮았다.

홍반디 무리는 나무가 우거진 산속에서 산다. 밤에는 쉬고 낮에만 돌아다닌다. 또 여름날 낮에 나뭇잎 위에 앉아 있는 모습을 볼 수 있다. 어른벌레는 나뭇잎이나 썩은 나무 위에서 살지만, 애벌레는 나무껍질 밑이나 썩은 나무속에서 산다. 나무껍질 속을 돌아다니면서 작은 애벌레를 잡아먹거나 버섯 같은 균류를 먹는다. 몸이 납작해서 나무껍질 속을 잘 돌아다닌다. 애벌레가 다 자라면 나무껍질 밑에서 번데기가 된다. 이듬해 늦봄에 어른벌레로 날개돋이 해서 나온다. 한 해에 한 번 어른벌레가 된다.

## 반딧불이과

반짝반짝 빛을 낸다고 '반딧불이'다. 알, 애벌레, 번데기, 어른벌레 모두 빛을 낸다. '개똥벌레'라고도 한다. 반딧불이 무리는 모두 꽁무니에서 빛을 낸다. 짝짓기를 하려고 보내는 신호다. 여름밤에 여러 마리가 떼 지어 불빛을 깜박이며 난다. 풀잎에 앉아 있기도 하고 짝을 찾아 날기도 한다. 물낯에 비친 자기 꽁무니 불빛을 보고 쫓아가다가 물에 빠져 죽기도 한다. 느리게 날아서 아이들도 손으로 잡을 수 있을 정도다. 반딧불이가 내는 불빛은 뜨겁지 않아서 손으로 잡아도 괜찮다. 꽁무니 세포 속에 있는 '루시페린'이라는 물질이 '루시페라제'라는 효소 도움을 받아 산소와 화학 작용을 일으켜 빛을 낸다. 빛을 내는 데 힘을 많이 쏟기 때문에 낮에는 나뭇잎, 풀잎, 돌 밑 같은 곳에서 꼼짝 않고 쉰다.

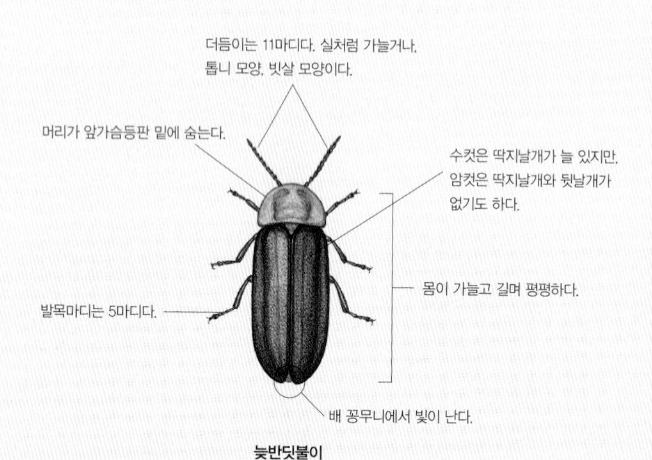


늦반딧불이

반딧불이는 온 세계에 2,000종쯤이 있다. 우리나라에는 애반딧불이, 늦반딧불이, 꽃반딧불이, 운문산반딧불이 같은 반딧불이가 5종 산다. 애반딧불이는 깜박깜박 빛을 내고, 늦반딧불이는 깜박이지 않고 줄곧 빛을 낸다. 늦반딧불이는 우리나라에 사는 반딧불이 가운데 몸집이 가장 크다. 운문산반딧불이가 가장 먼저 나타나고, 늦반딧불이가 가장 늦어 늦여름이나 가을에 나온다. 애반딧불이는 암컷과 수컷 모두 날 수 있지만, 늦반딧불이나 운문산반딧불이 암컷은 뒷날개가 없어 못 난다. 또 애반딧불이 애벌레만 물속에서 살고, 나머지는 땅 위에서 산다.

반딧불이 어른벌레는 한 해에 한 번 생긴다. 논이나 개울이나 골짜기 가까이에서 산다. 낮에는 거의 숨어서 쉬고 밤에 나와 빛을 내며 날아다닌다. 불빛에는 잘 날아오지 않는다. 어른벌레가 되면 이슬만 먹고 거의 아무것도 안 먹는다. 그리고 짝짓기를 한 뒤 알을 낳고 죽는다. 여름에 짝짓기를 마친 암컷은 이삼 일 뒤 물가나 논둑 둘레에 있는 이끼나 풀뿌리에 알을 300~500개쯤 낳는다. 알에서 나온 애벌레는 물속이나 땅에서 산다. 애벌레도 꽁무니에서 빛을 낸다. 반딧불이 애벌레 가운데 애반딧불이 애벌레만 물속에 살면서 다슬기나 우렁이, 물달팽이를 잡아먹는다. 운문산반딧불이나 늦반딧불이 애벌레는 뭍에서 달팽이를 잡아먹는다. 겨울이 되면 물이 얕은 곳이나 물이 말라붙은 논바닥 속에서 겨울잠을 잔다. 이듬해 늦은 봄에 땅 위로 올라와 흙으로 고치를 만들고, 그 속에서 번데기가 된다. 열흘쯤 지나면 어른벌레가 된다. 전라북도에 있는 '무주군 설천면 일원의 반딧불이와 그 먹이(다슬기) 서식지'는 1982년에 천연 기념물 322호로 정했다.

## 병대벌레과

병대벌레 무리는 딱지날개가 아주 부드럽고 약하다. 몸은 가늘고 길며 납작하다. 몸은 단단하고 저마다 무늬와 몸빛이 다르다. 겹눈은 툭 튀어나왔다. 산이나 들판에서 살고, 밤에 불빛을 보고 날아오기도 한다. 어른벌레는 4월 말부터 보이는데, 거의 대부분 5~6월에 볼 수 있다. 한여름에는 잘 안 보인다. 무리를 지어서 다른 벌레를 잡아먹는다. 그래서 영어로는 '군인 딱정벌레(Soldier beetle)'라고 한다. 하지만 꽃가루를 먹는 종도 있다. 여름이 되기 전에 짝짓기를 마치고 땅에 알을 낳는다. 어른벌레는 알을 낳으면 죽는다. 알에서 나온 애벌레는 땅이나 가랑잎 더미 속에서 산다.

병대벌레 무리는 우리나라에 37종이 산다고 알려졌다. 북녘에서는 잎에 사는 반딧불이라고 '잎반디'라고 한다. 하지만 반딧불이와 달리 꽁무니에서 빛을 내지는 못한다.

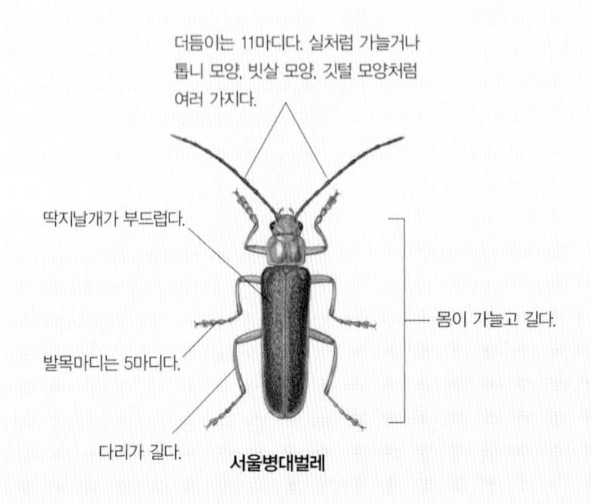

서울병대벌레

## 수시렁이과

수시렁이 무리는 온 세계에 800종쯤이 살고, 우리나라에 20종쯤이 산다. 몸길이가 5mm쯤 되는 작은 종들이 많다. 온몸은 아주 작은 비늘로 덮여 있다. 비늘 색깔이 군데군데 달라서 마치 무늬처럼 보인다. 더듬이는 11마디인데, 더듬이 끄트머리 마디는 크거나 굵다. 다른 딱정벌레와 달리 어른벌레는 겹눈과 정수리에 홑눈이 한 개 있다. 애벌레는 굼벵이처럼 생겼는데, 등 쪽 마디마다 길고 빳빳한 밤색 털이 나 있다. 애벌레는 5~10번쯤 허물을 벗고 자란다. 거의 모든 수시렁이가 두 달쯤 지나면 어른벌레가 된다.

수시렁이 무리는 어른벌레나 애벌레 모두 동물 주검이나 건어물, 비단옷, 털가죽, 동물 표본, 새 깃털, 벌집 따위를 갉아 먹는다. 온 세계가 서로 물건을 사고팔면서 그 물건을 따라 다른 나라로 쉽게 옮겨 간다.

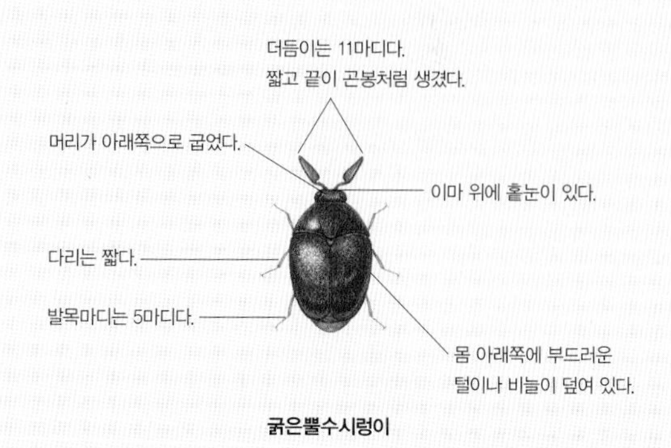


굵은뿔수시렁이

## 빗살수염벌레과

우리나라에는 빗살수염벌레 무리가 5종쯤 산다. 여러 가지 마른 동물이나 식물을 갉아 먹는다. 또 오래된 문화재나 책, 한약재 따위를 갉아 먹어서 피해를 주기도 한다.

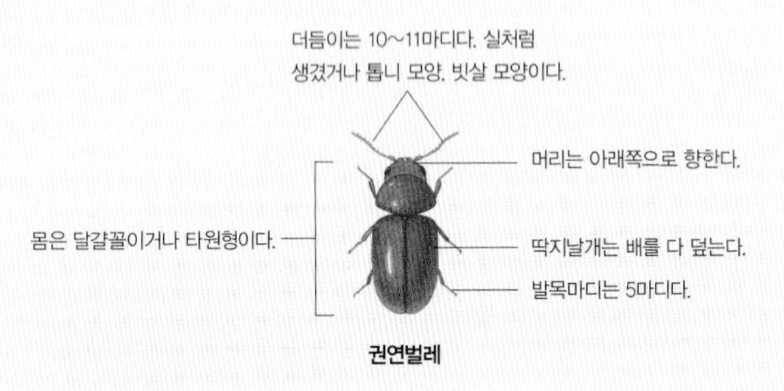

권연벌레

## 표본벌레과

우리나라에는 4종쯤 알려졌다. 크기가 작아서 눈에 잘 안 띈다. 생김새가 꼭 거미를 닮아서 '거미 딱정벌레(Spider Beetle)'라고도 한다. 밀가루나 동물 똥, 새 깃털 같은 여러 가지 식물과 동물을 먹는다. 곡식을 갉아 먹는 종은 나라끼리 오가는 곡식에 실려 여러 나라로 퍼진다.

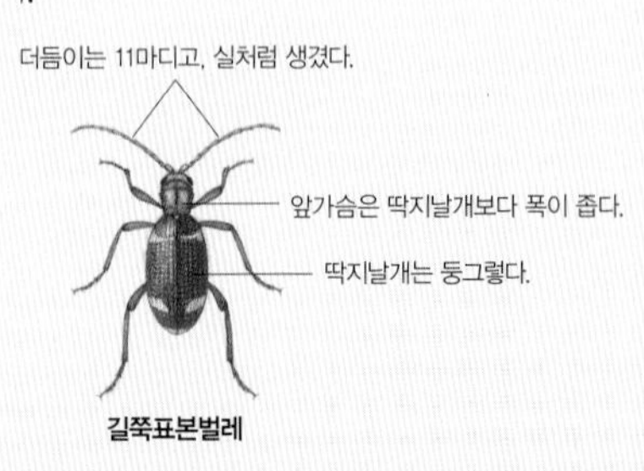

길쭉표본벌레

## 쌀도적과

쌀도적 무리는 우리나라에 4종이 알려졌다. 몸은 길쭉하거나 가늘거나 평평하다. 더듬이는 곤봉처럼 생겼고 10~11마디이다. 어른벌레는 다른 벌레 애벌레를 잡아먹고, 애벌레는 나무껍질 밑이나 버섯, 갈무리해 둔 곡식을 갉아 먹어서 피해를 준다.

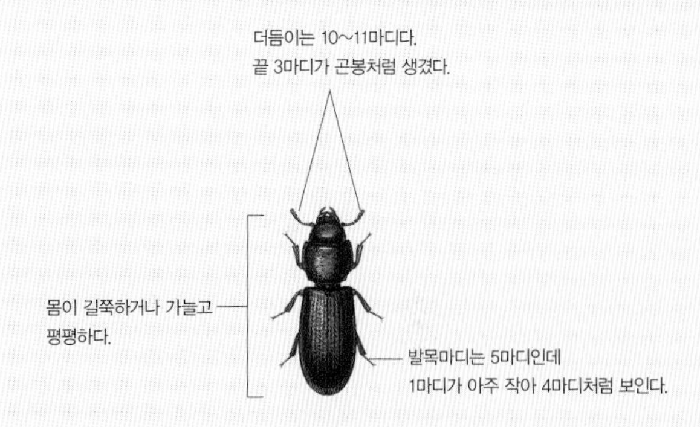


쌀도적

## 개미붙이과

생김새가 개미와 닮았다고 '개미붙이'다. 개미붙이 무리는 온 세계에 4,000종쯤 살고, 우리나라에는 24종쯤이 알려졌다. 어른벌레는 나무에 꼬이는 작은 벌레들을 잡아먹는다. 나무껍질 밑이나 나무속을 돌아다니면서 하늘소나 버섯벌레, 거저리 애벌레를 잡아먹는다.

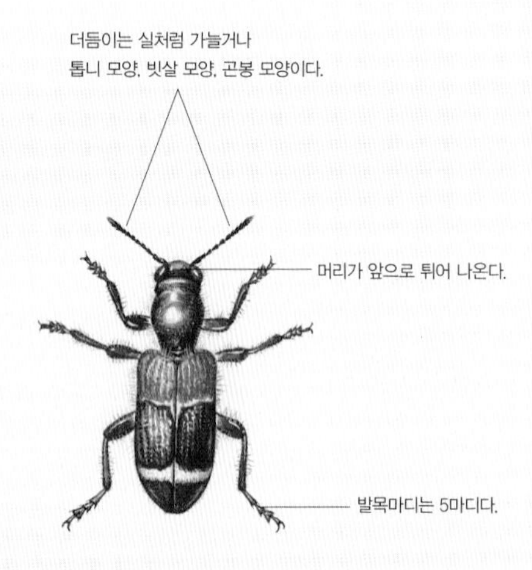


개미붙이

## 의병벌레과

의병벌레 무리는 온 세계에 4,000종쯤 살고 있고, 우리나라에는 7종이 알려졌다. 어른벌레는 꽃가루를 먹거나 나무에 모여 드는 작은 벌레들을 잡아먹는다. 대부분 숲에서 보이지만 바닷가나 갯벌에서도 보인다. 딱지날개는 작아서 배 끝을 다 덮지 못한다.

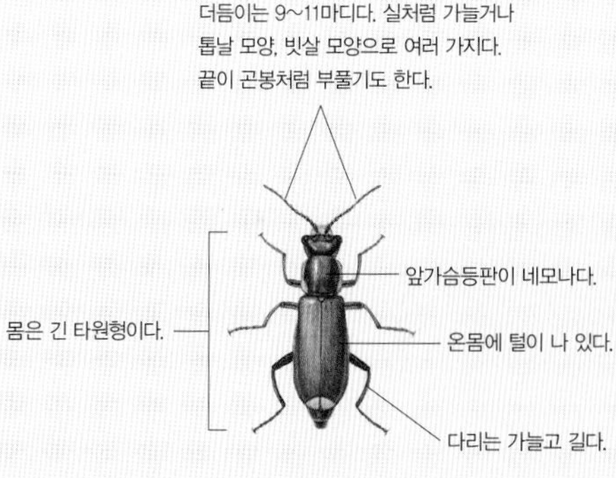

더듬이는 9~11마디다. 실처럼 가늘거나 톱날 모양, 빗살 모양으로 여러 가지다. 끝이 곤봉처럼 부풀기도 한다.

앞가슴등판이 네모나다.

몸은 긴 타원형이다.

온몸에 털이 나 있다.

다리는 가늘고 길다.

노랑무늬의병벌레

# 찾아보기

## 학명 찾아보기

### A



### B

## *C*



## *D*



## *E*



## *G*

## 우리말 찾아보기

### 가



### 나

## 다



## 라



## 마



## 바



## 사

아



자



차

## 카



## 파



## 하

## 참고한 책

### 단행본

《갈참나무의 죽음과 곤충 왕국》 정부희, 상상의숲, 2016
《검역해충 분류동정 도해집(딱정벌레목)》 농림축산검역본부, 2018
《곤충 개념 도감》 필통 속 자연과 생태, 2013
《곤충 검색 도감》 한영식, 진선북스, 2013
《곤충 도감 – 세밀화로 그린 보리 큰도감》 김진일 외, 보리, 2019
《곤충 마음 야생화 마음》 정부희, 상상의숲, 2012
《곤충 쉽게 찾기》 김정환, 진선북스, 2012
《곤충, 크게 보고 색다르게 찾자》 김태우, 필통 속 자연과 생태, 2010
《곤충들의 수다》 정부희, 상상의숲, 2015
《곤충분류학》 우건석, 집현사, 2014
《곤충은 대단해》 마루야마 무네토시, 까치, 2015
《곤충의 밥상》 정부희, 상상의숲, 2013
《곤충의 비밀》 이수영, 예림당, 2000
《곤충의 빨간 옷》 정부희, 상상의숲, 2014
《곤충의 유토피아》 정부희, 상상의숲, 2011
《과수병 해충》 농촌진흥청, 1997
《나무와 곤충의 오랜 동행》 정부희, 상상의숲, 2013
《내가 좋아하는 곤충》 김태우, 호박꽃, 2010
《논 생태계 수서무척추동물 도감(증보판)》 농촌진흥청, 2008
《딱정벌레 왕국의 여행자》 한영식, 이승일, 사이언스북스, 2004
《딱정벌레》 박해철, 다른세상, 2006
《딱정벌레의 세계》 아서 브이 에번스, 찰스 엘 벨러미, 까치, 2004
《물속 생물 도감》 권순직, 전영철, 박재흥, 자연과생태, 2013
《미니 가이드 8. 딱정벌레》 박해철 외, 교학사, 2006
《버섯살이 곤충의 사생활》 정부희, 지성사, 2012
《봄, 여름, 가을, 겨울 곤충일기》 이마모리 미스히코, 1999
《사계절 우리 숲에서 만나는 곤충》 정부희, 지성사, 2015

《사슴벌레 도감》 김은중, 황정호, 안승락, 자연과생태, 2019
《쉽게 찾는 우리 곤충》 김진일, 현암사, 2010
《신 산림해충 도감》 국립산림과학원, 2008
《우리 곤충 200가지》 국립수목원, 지오북, 2010
《우리 곤충 도감》 이수영, 예림당, 2004
《우리 땅 곤충 관찰기 1~4》 정부희, 길벗스쿨, 2015
《우리 산에서 만나는 곤충 200가지》 국립수목원, 지오북, 2013
《우리 주변에서 쉽게 찾아보는 한국의 곤충》 박성준 외, 국립환경과학원, 2012
《우리가 정말 알아야 할 우리 곤충 백가지》 김진일, 현암사, 2009
《이름으로 풀어보는 우리나라 곤충 이야기》 박해철, 북피아주니어, 2007
《잎벌레 세계》 안승락, 자연과 생태, 2013
《전국자연환경조사 데이터북 3권 한국의 동물2(곤충)》 강동원 외, 국립생태원, 2017
《조영권이 들려주는 참 쉬운 곤충 이야기》 조영권, 철수와영희, 2016
《종의 기원》 다윈, 동서문화사, 2009
《주머니 속 곤충 도감》 손상봉, 황소걸음, 2013
《주머니 속 딱정벌레 도감》 손상봉, 황소걸음, 2009
《하늘소 생태 도감》 장현규 외, 지오북, 2015
《하천 생태계와 담수무척추동물》 김명철, 천승필, 이존국, 지오북, 2013
《한국 곤충 생태 도감Ⅲ – 딱정벌레목》 김진일, 1999
《한국 밤 곤충 도감》 백문기, 자연과 생태, 2016
《한국동식물도감 제10권 동물편(곤충류 Ⅱ)》 조복성, 문교부, 1969
《한국동식물도감 제30권 동물편(수서곤충류)》 윤일병 외, 문교부, 1988
《한국의 곤충 제12권 1호 상기문류》 김진일, 환경부 국립생물자원관, 2011
《한국의 곤충 제12권 2호 바구미Ⅰ》 홍기정, 박상욱, 한경덕, 국립생물자원관, 2011
《한국의 곤충 제12권 3호 측기문류》 김진일, 환경부 국립생물자원관, 2012
《한국의 곤충 제12권 4호 병대벌레류Ⅰ》 강태화, 환경부 국립생물자원관, 2012
《한국의 곤충 제12권 5호 거저리류》 정부희, 환경부 국립생물자원관, 2012
《한국의 곤충 제12권 6호 잎벌레류(유충)》 이종은, 환경부 국립생물자원관, 2012
《한국의 곤충 제12권 7호 바구미류Ⅱ》 홍기정 외, 환경부 국립생물자원관, 2012

《한국의 곤충 제12권 8호 바구미류Ⅳ》 박상욱 외, 환경부 국립생물자원관, 2012
《한국의 곤충 제12권 9호 거저리류》 정부희, 환경부 국립생물자원관, 2012
《한국의 곤충 제12권 10호 비단벌레류》 이준구, 안기정, 환경부 국립생물자원관, 2012
《한국의 곤충 제12권 11호 바구미류Ⅴ》 한경덕 외, 환경부 국립생물자원관, 2013
《한국의 곤충 제12권 12호 거저리류》 정부희, 환경부 국립생물자원관, 2013
《한국의 곤충 제12권 13호 딱정벌레류》 박종균, 박진영, 환경부 국립생물자원관, 2013
《한국의 곤충 제12권 14호 송장벌레》 조영복, 환경부, 국립생물자원관, 2013
《한국의 곤충 제12권 21호 네눈반날개아과》 김태규, 안기정, 환경부, 국립생물자원관, 2015
《한국의 곤충 제12권 26호 수서딱정벌레Ⅱ》 이대현, 안기정, 환경부, 국립생물자원관, 2019
《한국의 곤충 제12권 27호 거저리상과》 정부희, 환경부, 국립생물자원관, 2019
《한국의 곤충 제12권 28호 반날개아과》 조영복, 환경부, 국립생물자원관, 2019
《한국의 딱정벌레》 김정환, 교학사, 2001
《화살표 곤충 도감》 백문기, 자연과 생태, 2016

《原色日本甲虫図鑑 Ⅰ~Ⅳ》 保育社, 1985
《原色日本昆虫図鑑 上, 下》 保育社, 2008
《日本産カミキリムシ検索図説》 大林 延夫, 東海大学出版会, 1992
《日本産コガネムシ上科標準図鑑》 荒谷 邦雄, 岡島 秀治, 学研

**논문**

갈색거저리(Tenebrio molitor L.)의 발육특성 및 육계용 사료화 연구. 구희연, 전남대학교, 2014
강원도 백두대간내에 서식하는 지표배회성 딱정벌레의 군집구조와 분포에 관한 연구. 박용환. 강원대학교, 2014
골프장에서 주둥무늬차색풍뎅이, Adoretus tenuimaculatus (Coleoptera:

Scarabaeidae)와 기주식물간의 상호관계에 관한 연구. 이동운. 경상대학교. 2000

광릉긴나무좀의 생태적 특성 및 약제방제. 박근호. 충북대학교. 2008

광릉숲에서의 장수하늘소(딱정벌레목: 하늘소과) 서식실태 조사결과 및 보전을 위한 제언. 변봉규 외. 한국응용곤충학회지. 2007

국내 습지와 인근 서식처에서 딱정벌레류(딱정벌레목, 딱정벌레과)의 시공간적 분포양상. 도윤호. 부산대학교. 2011

극동아시아 바수염반날개속 (딱정벌레목: 반날개과: 바수염반날개아과)의 분류학적 연구. 박종석. 충남대학교. 2006

기주식물에 따른 딸기잎벌레(Galerucella grisescens(Joannis))의 생활사 비교. 장석원. 대전대학교. 2002

기주에 따른 팥바구미(Callosobruchus chinensis L.)의 산란 선호성 및 성장. 김슬기. 창원대학교. 2016

꼬마남생이무당벌레(Propylea japonica Thunberg)의 온도별 성충 수명, 산란수 및 두 종 진딧물에 대한 포식량. 박부용, 정인홍, 김길하, 전성욱, 이상구. 한국응용곤충학회지. 2019

꼬마남생이무당벌레[Propylea japonica (Thunberg)]의 온도발육모형. 이상구, 박부용, 전성욱, 정인홍, 박세근, 김정환, 지창우, 이상범. 한국응용곤충학회지. 2017

노란테먼지벌레(Chlaenius inops)의 精子形成에 對한 電子顯微鏡的 觀察. 김희룡. 경북대학교. 1986

노랑무당벌레의 발생기주 및 생물학적 특성. 이영수, 장명준, 이진구, 김준란, 이준호. 한국응용곤충학회지. 2015

노랑무당벌레의 발생기주 및 생물학적 특성. 이영수, 장명준, 이진구, 김준란, 이준호. 한국응용곤충학회지. 2015

녹색콩풍뎅이의 방제에 관한 연구. 이근식. 상주대학교. 2005

농촌 경관에서의 서식처별 딱정벌레 (딱정벌레목: 딱정벌레과) 군집 특성. 강방훈. 서울대학교. 2009

느티나무벼룩바구미(Rhynchaenussanguinipes)의 생태와 방제. 김철수. 한국수목보호연구회. 2005

도토리거위벌레(Mechoris ursulus Roelfs)의 번식 행동과 전략. 노환춘. 서울대학교. 1999
도토리거위벌레(Mechoris ursulus Roelofs)의 산란과 가지절단 행동. 이경희. 서울대학교. 1997
돌소리쟁이를 섭식하는 좀남색잎벌레의 생태에 관하여. 장석원, 이선영, 박영준, 조영호, 남상호. 대전대학교. 2002
동아시아산 길앞잡이(Coleoptera: Cicindelidae)에 대한 계통학적 연구. 오용균. 경북대학교. 2014
멸종위기종 비단벌레 (Chrysochroa fulgidissima) (Coleoptera: Buprestidae) 및 멋조롱박딱정벌레 (Damaster mirabilissimus mirabilissimus) (Coleoptera: Carabidae)의 완전 미토콘드리아 유전체 분석. 홍미연. 전남대학교. 2009
무당벌레(Hamonia axyridis)의 촉각에 분포하는 감각기의 미세구조. 박수진. 충남대학교. 2001
무당벌레(Harmonia axyridis)의 초시 칼라패턴 변이와 효과적인 사육시스템 연구. 서미자. 충남대학교. 2004
바구미상과: 딱정벌레목. 홍기정, 박상욱, 우건석. 농촌진흥청. 2001
바닷가에 서식하는 따개비반날개족과 바닷말반날개속의 분자계통학적 연구 (딱정벌레목: 반날개과). 전미정. 충남대학교. 2006
바수염반날개속의 분자 계통수 개정 및 한국산 Oxypodini족의 분류학적 연구 (딱정벌레목: 반날개과: 바수염반날개아과). 송정훈. 충남대학교. 2011
버들바구미 생태(生態)에 관(關)한 연구(硏究). 강전유. 한국산림과학회. 1971
버들바구미 생태에 관한 연구. 강전유. 한국임학회지. 1971
버섯과 연관된 한국산 반날개류 4 아과의 분류학적 연구 (딱정벌레목 : 반날개과: 입치레반날개아과, 넓적반날개아과, 밑빠진버섯벌레아과, 뾰족반날개아과). 김명희. 충남대학교. 2005
벼물바구미의 가해식물. 김용헌, 임경섭. 한국응용곤충학회지. 1992
벼잎벌레(Oulema oryzae) 월동성충의 산란 및 유충 발육에 미치는 온도의 영향. 이기열, 김용헌, 장영덕. 한국응용곤충학회지. 1998
부산 장산의 딱정벌레류 분포 및 다양성에 관한 연구. 박미화.

경남과학기술대학교. 2013
북방수염하늘소의 교미행동. 김주섭. 충북대학교. 2007
뽕나무하늘소 (Apriona germari) 셀룰라제의 분자 특성. 위아동. 동아대학교. 2006
뽕밭에서 월동하는 뽕나무하늘소(Apriona germari Hope)의 생태적 특성. 윤형주 외. 한국응용곤충학회지. 1997
산림생태계내의 한국산 줄범하늘소족 (딱정벌레목: 하늘소과: 하늘소아과)의 분류학적 연구. 한영은. 상지대학교. 2010
상주 도심지의 딱정벌레상과(Caraboidea) 발생상에 관한 연구. 정현석. 상주대학교. 2006
소나무림에서 간벌이 딱정벌레류의 분포에 미치는 영향. 강미영. 경남과학기술대학교. 2013
소나무재선충과 솔수염하늘소의 생태 및 방제물질의 선발과 이용에 관한 연구. 김동수. 경상대학교. 2010
소나무재선충의 매개충인 솔수염하늘소 성충의 우화 생태. 김동수 외. 한국응용곤충학회지. 2003
솔수염하늘소 成蟲의 活動리듬과 소나무材線蟲 防除에 關한 研究. 조형제. 진주산업대학교. 2007
Systematics of the Korean Cantharidae (Coleoptera). 강태화. 성신여자대학교. 2008
알팔파바구미 성충의 밭작물 유식물에 대한 기주선호성. 배순도, 김현주, Bishwo Prasad Mainali, 윤영남, 이건휘. 한국응용곤충학회지. 2013
애반딧불이(Luciola lateralis)의 서식 및 발생에 미치는 환경 요인. 오홍식. 대전대학교. 2009
외래종 돼지풀잎벌레(Ophrealla communa LeSage)의 국내 발생과 분포현황. 손재천, 안승락, 이종은, 박규택. 한국응용곤충학회지. 2002
우리나라에서 무당벌레(Harmoniaaxyridis Coccinellidae)의 초시무늬의 표현형 변이와 유전적 상관. 서미자, 강은진, 강명기, 이희진 외. 한국응용곤충학회지. 2007

유리알락하늘소를 포함한 14종 하늘소의 새로운 기주식물 보고 및 한국산 하늘소과[딱정벌레목: 잎벌레상과]의 기주식물 재검토. 임종옥 외. 한국응용곤충학회지. 2014

유충의 이목 침엽수 종류에 따른 북방수염하늘소의 성장과 발육 및 생식. 김주. 강원대학교. 2009

일본잎벌레의 분포와 먹이원 분석. 최종윤, 김성기, 권용수, 김남신. 생태와 환경. 2016

잎벌레과: 딱정벌레목. 이종은, 안승락. 농촌진흥청. 2001

잣나무林의 딱정벌레目과 거미目의 群集構造에 關한 研究. 김호준. 고려대학교. 1988

저곡해충편람. 국립농산물검사소. 농림수산식품부. 1993

저장두류에 대한 팥바구미의 산란, 섭식 및 우화에 미치는 온도의 영향. 김규진, 최현순. 한국식물학회. 1987

제주도 습지내 수서곤충(딱정벌레목) 분포에 관한 연구. 정상배, 제주대학교. 2006

제주 감귤에 발생하는 밑빠진벌레과 종 다양성 및 애넓적밑빠진벌레 개체군 동태. 장용석. 제주대학교. 2011

제주 교래 곶자왈과 그 인근 지역의 딱정벌레類 분포에 관한 연구. 김승언. 제주대학교. 2011

제주 한경-안덕 곶자왈에서 함정덫 조사를 통한 지표성 딱정벌레의 종다양성 분석. 민동원. 제주대학교. 2014

제주도의 먼지벌레 (II). 백종철, 권오균. 한국곤충학회지. 1993

제주도의 먼지벌레 (IV). 백종철. 한국토양동물학회지. 1997

제주도의 먼지벌레 (V). 백종철, 정세호. 한국토양동물학회지. 2003

제주도의 먼지벌레 (VI). 백종철, 정세호. 한국토양동물학회지. 2004

제주도의 먼지벌레. 백종철. 한국곤충학회지. 1988

주요 소똥구리종의 생태: 토양 환경에서의 역할과 구충제에 대한 반응. 방혜선. 서울대학교. 2005

주황긴다리풍뎅이(Ectinohoplia rufipes: Coleoptera, Scarabaeidae)의 골프장 기주식물과 방제전략. 최우근. 경상대학교. 2002

진딧물의 포식성 천적 꼬마남생이무당벌레(Propylea japonica Thunberg) (딱정벌레목: 딱정벌레과)의 생물학적 특성. 이상구. 전북대학교. 2003

진딧물天敵 무당벌레의 分類學的 硏究. 농촌진흥청. 1984

철모깍지벌레(Saissetia coffeae)에 대한 애홍점박이무당벌레(Chilocorus kuwanae)의 포식능력. 진혜영, 안태현, 이봉우, 전혜정, 이준석, 박종균, 함은혜. 한국응용곤충학회지. 2015

청동방아벌레(Selatosomus puncticollis Motschulsky)의 생태적 특성 및 감자포장내 유충밀도 조사법. 권민, 박천수, 이승환. 한국응용곤충학회. 2004

춘천지역 무당벌레(Harmoniaaxyridis)의 기생곤충. 박해철, 박용철, 홍옥기, 조세열. 한국곤충학회지. 1996

크로바잎벌레의 생활사 조사 및 피해 해석. 최귀문, 안재영. 농촌진흥청. 1972

큰이십팔점박이무당벌레(Henosepilachna vigintioctomaculata Motschulsky)의 생태적 특성 및 강릉 지역 발생소장. 권민, 김주일, 김점순. 한국응용곤충학회지. 2010

팥바구미(Callosobruchus chinensis) (Coleoptera: Bruchidae) 産卵行動의 生態學的 解析. 천용식. 고려대학교. 1991

한국 남부 표고버섯 및 느타리버섯 재배지에 분포된 해충상에 관한 연구. 김규진, 황창연. 한국응용곤충학회지. 1996

韓國産 Altica屬(딱정벌레目: 잎벌레科: 벼룩잎벌레亞科)의 未成熟段階에 관한 分類學的 硏究. 강미현. 안동대학교. 2013

韓國産 Cryptocephalus屬 (딱정벌레目: 잎벌레科: 통잎벌레亞科) 幼蟲의 分類學的 硏究. 강승호. 안동대학교. 2014

韓國産 거위벌레科(딱정벌레目)의 系統分類 및 生態學的 硏究. 박진영. 안동대학교. 2005

한국산 거저리과의 분류 및 균식성 거저리의 생태 연구. 정부희. 성신여자대학교. 2008

한국산 검정풍뎅이과(딱정벌레목, 풍뎅이상과)의 분류 및 형태 형질에 의한 수염풍뎅이속의 분지분석. 김아영. 성신여자대학교. 2010

한국산 길앞잡이 (딱정벌레목, 딱정벌레과). 김태흥, 백종철, 정규환.

한국산 사슴벌레붙이(딱정벌레목, 사슴벌레붙이과)의 실내발육 특성. 유태희, 김철학, 임종옥, 최익제, 이제현, 변봉규. 한국응용곤충학회 학술대회논문집. 2016
한국산 수시렁이과(딱정벌레목)의 분류학적 연구. 신상언. 성신여자대학교. 2004
한국산 수염잎벌레속(딱정벌레목: 잎벌레과: 잎벌레아과)의 분류 및 생태학적 연구. 조희욱. 안동대학교. 2007
한국산 알물방개아과와 땅콩물방개아과 (딱정벌레목: 물방개과)의 분류학적 연구. 이대현. 충남대학교. 2007
한국산 좀비단벌레족 딱정벌레목 비단벌레과의 분류학적 연구. 김원목. 고려대학교. 2001
한국산 주둥이방아벌레아과 (딱정벌레목: 방아벌레과)의 분류학적 재검토 및 방아벌레과의 분자계통학적 분석. 한태만. 서울대학교. 2013
한국산 줄반날개아과(딱정벌레목: 반날개과)의 분류학적 연구. 이승일. 충남대학교. 2007
한국산 톨보잎벌레붙이속(Lagria Fabricius)(딱정벌레목: 거저리과: 잎벌레붙이아과)에 대한 분류학적 연구. 정부희, 김진일. 한국응용곤충학회지. 2009
한국산 하늘소(천우)과 갑충에 관한 분류학적 연구. 조복성. 대한민국학술원논문집. 1961
한국산 하늘소붙이과 딱정벌레목 거저리상과의 분류학적 연구. 유인성. 성신여자대학교. 2006
韓國産 호리비단벌레屬(딱정벌레目 : 비단벌레科: 호리비단벌레亞科)의 分類學的 硏究. 이준구. 성신여자대학교. 2007
한국산(韓國産) 먼지벌레 족(4). 문창섭, 백종철. 한국토양동물학회지. 2006
한반도 하늘소과 갑충지. 이승모. 국립과학관. 1987
호두나무잎벌레(Gastrolina deperssa)의 형태적 및 생태학적 특성. 장석준, 박일권. 한국응용곤충학회지. 2011
호두나무잎벌레의 생태적 특성에 관한 연구. 이재현. 강원대학교. 2010

## 저자 소개

### 그림

**옥영관** 서울에서 태어났습니다. 어릴 때 살던 동네는 아직 개발이 되지 않아 둘레에 산과 들판이 많았답니다. 그 속에서 마음껏 뛰어놀면서 늘 여러 가지 생물에 호기심을 가지고 자랐습니다. 홍익대학교 미술대학과 대학원에서 회화를 공부하고 작품 활동과 전시회를 여러 번 열었습니다. 또 8년 동안 방송국 애니메이션 동화를 그리기도 했습니다. 2012년부터 딱정벌레, 나비, 잠자리 도감에 들어갈 그림을 그리고 있습니다. 《세밀화로 그린 보리 어린이 잠자리 도감》, 《잠자리 나들이도감》, 《세밀화로 그린 보리 어린이 나비 도감》, 《세밀화로 그린 보리 어린이 딱정벌레 도감》, 《나비 나들이도감》, 《세밀화로 그린 큰도감 나비도감》, 《세밀화로 그린 정부희 선생님 생태 교실》에 그림을 그렸습니다.

### 글

**강태화** 한서대학교 생물학과를 졸업하고, 성신여자대학교 생물학과 대학원에서 《한국산 병대벌레과(딱정벌레목)에 대한 계통분류학적 연구》로 박사 학위를 받았습니다. 지금은 전남생물산업진흥원 친환경농생명연구센터에서 곤충을 연구하고 있습니다.

**김종현** 오랫동안 출판사에서 편집자로 일하다 지금은 여러 가지 도감과 그림책, 옛이야기 글을 쓰고 있습니다. 《세밀화로 그린 보리 어린이 바닷물고기 도감》, 《세밀화로 그린 보리 어린이 잠자리 도감》, 《세밀화로 그린 보리 어린이 나비 도감》 같은 책을 편집했고, 《곡식 채소 나들이도감》, 《약초 도감-세밀화로 그린 보리 큰도감》에 글을 썼습니다. 또 만화책 《바다 아이 창대》, 옛이야기 책 《무서운 옛이야기》, 《꾀보 바보 옛이야기》, 《꿀단지 복단지 옛이야기》에 글을 썼습니다.